建筑风景速写与设计手绘

Sketching and hand drawn design of architectural landscapes

贺 志 海

吉安市建筑设计规划研究院 编著

中国建筑工业出版社

图书在版编目（CIP）数据

建筑风景速写与设计手绘 = Sketching and hand drawn design of architectural landscapes / 贺志海，吉安市建筑设计规划研究院编著 . —北京：中国建筑工业出版社，2023.12（2024.7重印）
ISBN 978-7-112-29069-7

Ⅰ.①建… Ⅱ.①贺… ②吉… Ⅲ.①建筑画—风景画—速写技法 Ⅳ.① TU204.111

中国国家版本馆 CIP 数据核字（2023）第 160332 号

责任编辑：毋婷娴　周娟华
责任校对：党　蕾

建筑风景速写与设计手绘
Sketching and hand drawn design of architectural landscapes

贺志海
吉安市建筑设计规划研究院　编著
＊
中国建筑工业出版社出版、发行（北京海淀三里河路 9 号）
各地新华书店、建筑书店经销
北京方舟正佳图文设计有限公司制版
建工社（河北）印刷有限公司印刷
＊
开本：787 毫米 ×1092 毫米　横 1/16　印张：12¼　字数：285 千字
2023 年 9 月第一版　2024 年 7 月第二次印刷
定价：**78.00** 元
ISBN 978-7-112-29069-7
（41753）

序　言

设计师不用丁字尺，徒手用线条在纸面上画出精美可用的图画绝非易事。这是建筑师出于专业的需要，经过长期写生实习，多年磨炼而成的。本书作者贺志海就读大学时，正是我们对建筑美术教学进行改革之时。针对课时少又要学得好的要求，江西工业大学（现南昌大学）从建筑学专业的82级开始，就在美术学科的素描课程中加入了速写画教学，要求学生随身携带速写本；并利用课余和假期时间，随时做建筑及环境速写，定期、定数上交作业。老师必须认真批改作业，成绩入册，和课内作业同等计入总分。

这个举措大大提升了学生学习的兴趣，很多学生超额完成任务。他们又通过到北京实习，获得了大面积丰收。画者面对大自然和实景，要短时间内把它再现到纸上，必须调动人的直觉能力，调动眼睛的观察力，脑子的思维力和手的表现力，积极运用造型因素在纸面上进行构图，在构图中进行取舍、移动、突出和减弱……这即刻的直觉思维学习能力，也是计算机目前还无法取代的。

我们的学生都很优秀，不少是从红色老区来的，贺志海就是其中一个。他学习踏实，特别能吃苦，深知所学的本领将对建设家乡起着重大作用。所以这个时期南昌大学培养出来的学生，是建设战线上一支特别能战斗的队伍，他们是现代建设大军中的顶梁柱。

众所周知，建筑是八大艺术之一。在我国，这一专业人才培养大多设在工科院校之内。考进来的学生，都是数理化呱呱叫，但对艺术和绘画，中学里都是不屑一顾的。因而建筑专业的美术老师所面对的学生，艺术起点基本停留在小学时的涂鸦阶段。想要依据美术学院的教学方法及老教学大纲行事是徒劳的。虽然我们几个美术老师马不停蹄，一刻也不懈怠地辅导，还是有学生因犯难而丢笔顿足，或跑到走廊上号啕大哭。美术表现能力的训练极大地伤了这些高考学霸的自尊心，他们是父母心中和中学老师眼里的天之骄子！形势逼迫，学校和教师非进行教学改革不可。因此，1991年，在教育部和建设部的联合倡议下，第一届全国建筑美术教学研讨会在重庆隆重召开，重新制订了新的教学大纲，我也提案把速写画教学纳入大纲学习科目之内，从而开启了建筑美术教育新局面。1993年，本人调入浙江工业大学，把建筑美术教学经验和资料带入该校。同时又创办了艺术设计学科，先后建立了多个专业。在制订美术教学大纲时，同样把徒手画和速写纳入成为美术教学的重要内容，获得了很好的效果，得到了同行们的肯定。其他兄弟院校，还专程到我校来调研，商讨授课情况，索取教育大纲等。多年来，我们培养的历届学生，也都能在方案设计、与同行分析、与甲方对话和招标投标方面临场应用。

一晃 30 年过去了，贺志海从箱子底下翻出了学生时期的速写，拂去上面的积尘，抚平压箱的折纹，用电子版的形式，展示在我这个曾经的老师面前，一看：哈！这不正和现在美国纽约库伯联盟建筑学院学生们的美术作业一个模样么！

现今，艺术学和设计学的各类专业已经普设于全国各类大学。建筑设计，经过博雅国际建筑论坛讨论，定为艺术创作。人类要在地球的各个角落建设美好家园，离不开属于艺术设计范畴内的创造性劳动。而这些创造过程的表达，创意过程的思考、商讨和方案的竞争力，同样依靠训练有素的人而不是机器。我们的设计艺术教育方式并没有过时，培养出的大批量优秀人才，他们都像贺志海一样，已经成为我国经济文化建设的主导力量。

浙江工业大学教授　鲁兵

2023 年 3 月 20 日于杭州

前　言

前一阵子，因疫情缘故在家闲居多日，整理书房时翻出大学期间的几个速写本和20多年前做设计的许多方案草图，心中一阵惊喜！这么多年辗转搬了两三次家，原以为那些东西早已经遗失，不承想还没有全部弄丢。翻看着每一幅草图和钢笔写生画，回忆起当时的情景，大学四年和毕业后做设计工作的一幕幕往事仍历历在目。如今想来，那段岁月尽管多有艰辛，但却饶有趣味，一路风风雨雨，能留下些许值得记的东西，对自己而言，也算是弥足珍贵了。感叹回味之余，也逐渐有了一个想法：时光一去不回头，往事只能成追忆，但记忆留存的载体却可以历久弥新。于是就想把这些草图做个整理，随附自己的一些体会汇编成册。主要为自己留作纪念，也有与同行交流互鉴之意。

当前，建筑设计表现方式越来越专业化、电脑化。行业内早有专门的效果图公司服务于设计表现。建筑设计表现普遍地过度依赖专业公司，依赖电脑。现在很少有人用徒手画的效果图作为建筑方案设计成果，似乎建筑设计创作已被割裂成了两个阶段，建筑方案表现图只需交由效果图公司即可。很多设计人员不再注重手头表现的锻炼和运用，徒手草图这项设计创作的重要基本功貌似要过时了，不需要了？果真如此吗？

事实上，科技手段越来越先进的今天，国外许多知名的设计公司还是非常看重建筑师的手绘能力，有些公司更是将其作为选聘入职的重要考核项目。我国许多名校和建筑大师也依然很重视并推崇这项基本功。个人认为，设计构思过程中，徒手草图有其无可替代的价值。设计创作构思的形成、交流，形体的推敲、探讨等诸多过程中的图式表达，不可能都假手于效果图公司。徒手草图就是建筑师最好的语言。不善于用徒手草图作沟通交流的建筑师，就经常要面临"肚里有话说不出来"的尴尬。

当然，计算机绘制的建筑效果图有相对更精准的优势，而且像3D动漫、BIM技术等，的确能解决多角度转换、浸入式动态体验等需要，但那只是在方案的终结阶段使最后的表现手段更丰富、更充分而已。而在前期建模阶段，则需要将大量的平、立、剖面相关图件以及各种基础数据输入，时间上光是建模就需要1~2天，甚至3~4天，这还是在许多具体设计确定了的情况下。毕竟电脑无法代替人思考，无法做到创作与绘图同频同步。而建筑设计创作包含着很多的不确定性，形体意象的想法和灵感经常是偶发的，有时就是突然的灵机一动，思维火花闪现时需要快捷记录和梳理。徒手草图简便易行，只需一纸一笔。国内外许多建筑大师创作的初始创意草图就是在旅途中或者餐桌上短时间勾画的。事实上，建筑设计创作行为贯穿于包括创意、推敲、交流和表现等的全过程，在此过程中，一手娴熟的手绘功夫对建筑设计创作的促进功效无疑是巨大的,在各阶段的草图勾画当中往往能进一步激发灵感,提升创意。这是电脑无法替代的。

即使单纯从时效性来讲,徒手绘制表现效果图也相对电脑有更好的时效性。本书中选入的草图基本都是实际工程项目方案定型后的表现图,有铅笔稿、钢笔稿,也有马克笔和钢笔淡彩、水彩、水粉等。钢笔画相对较难,一幅钢笔画的方案草图,单纯绘制时间一般也就用时 3 个小时左右,相比电脑还是快得多,铅笔画就更快了。书中有些草图就是当年方案的成果图,经过业主和主管部门审定后直接作为施工图的依据。也有许多是因为电脑制作效果图越来越流行,不得已再使用电脑制作一遍以显重视。

如前面所说,之所以想整理自己的草图手稿,主要是为自己留作纪念,也是对自己作为建筑师那段设计生涯的一个概括,一个阶段性总结。原本只想自娱自乐,但因大家多番鼓励,也有了出版的想法。为此也特意在网上搜寻了类似的书籍,发现之前已有几位大学教授和相关专业美术老师出版过此类书籍,特意购买了几本认真学习,受益匪浅,启发很大。我想,以身在中小城市基层建筑专业工作者的切身体会和视角,是否可以作为名家大师的一点小补充呢?姑且斗胆为之,主要归纳整理自己的实践案例和体会,但求付印之后征得真诚有益的批评,也算有所收获吧。抑或能给后学者些许启示,则更感欣慰!

贺志海

2022 年 12 月

目　录

练习钢笔写生的重要作用

- 手绘表现技能提高的有效途径
- 建筑设计素养积淀的生动实践
- 即使美术零基础也能快速进步

写
ONE
生

前言中论及了当前的建筑设计普遍过度依赖效果图公司和电脑的现象，许多学生和从业者不重视手头表现技能的练习和运用，甚至认为这项基本功已经过时。但在具体实践中却经常面临由于长期疏于练习而使得这项技能严重弱化的无奈。其实，专业出身的大部分从业者能体会到徒手表现基本功在设计创作中的巨大作用，也羡慕和向往国内外那些建筑大师有一手娴熟的手绘功夫。只是如何才能有效提高、练就自己的手头表现技能，让许多人很是迷茫。有些人是因为美术基础薄弱望而却步，有些人是苦于找不到适合自己的方法而无从下手。

个人体会，就徒手绘图的基本功而言，描绘、临摹和写生等都是很好的方法。天津大学还把描绘纳入建筑学专业学生的课程任务。可以这么说，描绘和临摹对于刚接触这个专业的学生来说是非常好的基础训练模式。而当学生具备一定的建筑学专业基本素养后，写生则是进一步巩固提升的最好途径了。尤其应多练习建筑风景户外写生，这不但可以进一步扎牢草图基本功，而且还能快速提高自己对建筑形体的观察力和记忆力，也有利于锻炼对空间关系、透视关系的把握能力。坚持一段时间后，形象思维和空间思维等建筑设计素养也会自然而然得到提高。

有美术基础当然更好，实在没有也并非不可以。即便是像我这样曾经美术零基础的人，在基础的美术专业课之外，有针对性地狠下功夫，也能迅速提高建筑设计草图基本功和相应的建筑专业素养。记得当年上大学报考建筑学专业，纯属受到美籍华人建筑大师贝聿铭先生的影响。高三期间，看到一本《数理化》期刊的封面介绍了贝先生的建筑设计成就和其对在美留学华人学生的资助行为，觉得这个专业成就感强，就决定学它了。然而入学前需要加试美术基础——素描，如不合格则可能转工民建专业了。而我一个来自农村的学生哪来的条件接受美术训练？心想实在不行转工民建专业也不错，于是就硬着头皮直接去了。全赖学兄帮我临阵磨枪，美术加试才勉强过关。

自知美术基础几乎为零的我，只能以勤补拙了。虽然并无什么天赋，但经过两年的刻苦练习，美术成绩也还对付。好在作为建筑学专业的学生，美术基础要求其实也不太高，课程练习也就素描、水彩画、水粉画之类。当时的江西工业大学建筑学专业还未实行五年制，五年的课程要四年内学完，平时时间很紧。针对自己的美术基础薄弱的情况，只能利用周末或晚上，经常一个人待在画室画到深夜。这样美术成绩也就慢慢跟上了。两年的美术专业课下来，我从零开始，最后美术成绩也算达到了中偏上，那时是5分制，我得了个4+。其间，鲁兵等几位美术和画法几何老师还对我多有赞许。

老师的表扬让我增强了信心，影响最深的是鲁兵老师的鼓励和指导。尤其是他认为作为建筑学专业的学生，要多多练习建筑风景户外写生。对此我深为认同！1991年，已是大三的我，虽然美术课程已经结束，但依然坚持了一个多学期的速写强化训练。每逢周末有空或者寒暑假期间，就带上最简便的写生工具：一本速写本和一支钢笔，到处找地方练习外景钢笔速写。学校周边的民居街巷、郊区村落画了不少。假期回家也是随身带着本子和笔，看到可以画的就上一幅。这样坚持了三四个月后，感觉自己对建筑形体的观察力和想象力明显增强了，对建筑空间关系和比例尺度的把握方面也有较大的提升。回头看，正是这段自觉的强化训练让我受益匪浅。实践证明，当年鲁兵老师把速写纳入建筑学美术课程的倡议是正确的。

图 1 - 乌石村村景——1991.08

　　从家乡村旁山坡上俯瞰村貌。此图为开始写生训练时的画作，虽然线条笔触均显青涩，空间的远近也并未拉开，但还算能反映当时挺不错的村貌。青砖灰瓦马头墙的民居形式；鹅卵石铺就巷道；排列整齐的几排老屋；均等的房屋前后间距……给人以井然有序的感觉，即使有几栋后来建设的新屋，也大体遵循原有的形制。

图 2- 后山老槐树——1991.08

　　村庄后山上的老槐树。据老一辈人说当年这样的大树满山都是，还经常有老虎、山豹出入村庄。后因特殊时期的某种需要，砍得只留下这一棵了。这棵大树正好在村头山坡上，像守护神似的庇佑着村中老幼。现在连这最后一棵老槐树也老死许多年了。此幅以老槐树为主题，表现的重心是近景老槐树，中景树丛和远景的山脉都是几笔带过。这是当年我练习写生仅有的一次不以建筑为主题的习作。

图 3- 文竹汽车站后村落——
1991.08

此为暑假期间应邀去茶陵县城帮二哥看店的路上，在文竹汽车站等班车期间画的一幅山坡边的小村落。村落规模较小，没有几栋房屋，但环境景观挺不错，于是靠在路边树干上赶快画起来。等车时间短暂，只能寥寥数笔了。表现的重心聚焦于中景的老屋，远景的山峰和近景的水田均以线条简略式概括。

图4- 茶陵烟草公司——1991.08

此为茶陵县烟草公司一处门店，建筑体量很小，但现代建筑特点较明显。混凝土外墙勾缝，马赛克贴面，垂直栏板，檐口悬挑等建构方式均显现代感。但卷闸门和木框玻璃窗却很是不匹配。

图 5- 茶陵炎帝路铁犀商场与建设银行——1991.08

　　此为茶陵县当时新近建成的一个商场，现代感较强，由于是东西朝向，采取了遮阳措施。大片的遮阳混凝土板与玻璃落地侧窗，形成较强的视觉冲击力。画面着重表现商场立面造型的虚实对比和盛夏午后的炎炎烈日，因匆忙，后面的远景和树、车、人等画得较简略。

图 6- 茶陵烈士陵园管理用房——1991.08

　　该园为茶陵籍革命烈士的陵园。以县城中的一座低丘为主体，松柏茂林中，有谭余保等烈士的陵墓、古亭廊、游步道等。空气清爽，鸟语花香。当时使用率很高，并非单纯是纪念性公园。晨练的、散步的、约会的、拉嗓的市民都往那里去。可见当时群众业余活动场所之匮乏。

图7- 茶陵县城某住宅群
　　　　　——1991.08

　　当时的县城还未兴起商品房开发，公房、私房并存，平房、楼房交错是县城居住的普遍模式。建筑布局零散随意，基本没有规划，配套设施也很欠缺，有很多地方居然还是土路、沙子路，环境面貌比较杂乱。此图仅是一个缩影。

图 8- 茶陵县城关镇菜市场——1991.08

　　此菜市场位置较中心，利用一处路边高坡旁的空地建成。三排两列 Y 形独立柱支撑的六片大雨篷下，每天熙熙攘攘人声鼎沸，好不热闹。这种半露天的菜市场当时还很流行，尤其在小城市和乡镇随处可见，持续使用了很多年。

图 9- 茶陵县城郊一角——1991.08

这是茶陵县城一处近郊，紧挨着县城中心。其实也算是县城范围内的一个城区，后面有烟囱的地方是大哥工作的茶陵氮肥厂。该厂当时知名度还很高，生产的化肥销路很好。水塘边平房和楼房接合部即为厂区入口大门，简陋得几乎看不出这是当时县里最大企业的入口大门。

图 10- 江南水乡 -1——1991.08

　　此两幅江南水乡并非实地写生，那时还没这个条件去江浙游玩，而是某天在二哥的店里正好看到一本杂志上登载的两幅照片，粉墙黛瓦，素雅清爽，觉得很好，就用钢笔把它画了下来。在没有条件实地写生的情况下，这也是一种不错的练习方式。只不过不是对着实景，而是对着照片写生而已。

图 11- 江南水乡 -2——1991.08

　　"小桥流水人家"的景象在江浙一带随处可见。想必当地居民"与水为邻，以舟代车"的生活一定非常惬意吧。出门时就像歌里唱的"摇起了乌篷船顺水又顺风……"但不知道潮湿和蚊虫的问题他们是怎么解决的。

图 12- 南昌市江工大校园北侧 -1

——1991.10

大三上学期开学不久，每逢周末都会骑辆破旧自行车到处找地方写生。这是江西工业大学西门外民居。记得当时烈日当头，而气候闷热，感觉快要下雨，画得有点赶，线条不够流畅，建筑刻画也不够完整，后面的树更是急匆匆画完。但烈日当头的感觉还是有，于是也将它放了进来。

图 13- 南昌市江工大校园北侧 -2——1991.10

又是一个周末，在江西工业大学后面的居民区转悠了半天没有可画的东西。找到这里时眼睛一亮，觉得很好，立即选了个角度画了起来。此为一老宅院门，宅院规模较大，从院门的尺度、形制、规格和院内古柏树等情况来看，当年肯定富丽堂皇，应该是个豪门世家，非富即贵，而今竟也破败如此。沧桑巨变平常事，古院荒芜却可惜！不知道有没有被列入抢救修复的范围。

图 14- 南昌市八一公园湖边街景——1991.10

　　这是某日傍晚靠在湖边栏杆上画的。侧重表现湖边街道转角处建筑转折面的明暗对比，并以长长的栏杆阴影映衬傍晚的湖边斜阳。

图 15- 南昌市张家祠民居 -1——1991.10

　　建筑风景写生不同于拍照，写生可以有取舍，面对实景，在动手画之前先要有一个大致的评判：值不值得画？然后构图上要有个布局：想要突出表现的重点在哪？哪些要着重刻画？在画的过程当中，可以取舍，或突出或简略，甚至挪移。此幅侧重于表现巷道的纵深、悬挑阳台、两侧晾晒等生活场景，外围建筑只画了个轮廓边界以忽略。

图 16- 南昌市张家祠民居 -2——1991.10

张家祠社区的民居较为拥挤，巷道很窄，在里面行走颇有一种曲径通幽之感。像图中这种两边宅子之间搭一个小天桥的情况很普遍。配套设施简陋，屋内很少设有卫生间，小便之类都是每天有人挨家挨户收集运出。快画完时，正好有收集小便的工人在挨家收集清运。此幅写生表现的重点是巷道上部。

图 17- 南昌市郊区民居 -1&2——1991.10

图 18- 白描 -1——1991.10

　　此六幅白描是在宿舍对着借来的书临摹练手，主要练习线条的表现力和概括力。白描的特点是主要用线条表现，基本没有光影。刻画的也主要是建（构）筑物的体块构成，人、车等一般只画个轮廓，比较写意。环境植物更不是重点甚至不画。

图 19- 白描 -2&3——1991.10

图 20- 白描 -4&5&6——1991.10

图 21- 南昌市某街景——1991.10

　　这是当时南昌市刚建成的一条商业街，建筑层数 2 ～ 3 层，仿古风格，马头墙、坡屋顶、吊脚楼形式。去时正逢周末，街上人潮涌动，热闹非凡，一派繁荣气象。此幅表现的重心是中景的马头墙、吊脚楼。近景与远景均作简略，以线条概括、留白。

图 22- 南昌市郊区 -1——1991.10

　　此两幅为南昌市郊区，严格来说算是农村的农房了，场地开阔，建筑布局松散，没有城区那么紧凑，生活场景和气息与城区的住区有明显区别。此幅主要表现画面中间部位四栋房屋的空间关系。

图 23- 南昌市郊区 -2
———1991.10

　　城郊接合部的民居建筑，本质上还是农房，从建设情况看，一般没有什么规划，布局较为随意，新旧交错、高低不同的情况很普遍。从生活场景看，农家气息更浓些。此幅主要表现新旧建筑的交错和房前屋后场地的堆放布置情况。

图 24- 南昌市上湾街——1991.10

　　上湾街民居体量较大，楼层大多在两层以上。想必是建成年代较晚，材料和技术更为先进的缘故。可能也有离城中心比较近，土地更贵的原因吧。虽然多为砖木结构，但主体建筑的空间、体量方面有突破。有些用上了洋灰（混凝土），巷道明显较为宽敞，路面铺就的材料和形式也明显不同。

图25- 南昌市西湖路——1991.10

　　当时的南昌城内还有许多这样低矮、老旧的居住模式。西湖路算是南昌市很中心的地段,居然也有不少这样的居民区。此为路边一胡同里弄式宅院的入口,里面有好几户住户,这是站在对面路边画了个入口,着重表现入口通道的纵深,以门头局部的光影反衬通道内部空间的深远感。

图 26- 南昌市香平巷——1991.10

　　香平巷的民居建筑与上湾街类似。虽然仍是青砖灰瓦的形式，但是建筑层数有的达到局部四层，有些体量大的还做了吊脚楼作为入口标志，巷道宽度较为宽敞。当年肯定是因为马车通行的需要。原先的路面为石板铺成，有几处破损的地方是后来用混凝土填补上的。此幅着重表现左侧建筑的中间部位。

图 27- 南昌市某巷道——1991.10

　　这是南昌市区内的一处街巷，不知道街巷名字，只记得是一条商业性质的街巷，里面有许多商铺，有的是前店后院模式，也有底商楼住模式，街道弯曲，路面有石板铺成的，也有水泥路面。街旁或房屋之间有几处古树，大树底下自然形成居民闲坐聊天的休憩场所，市井生活气息浓郁。

图 28- 南昌市某镇区俯视

————1991.10

此为站在山坡上画的梅岭附近一个镇区的鸟瞰图。因为天色较晚，要赶回校的公交，画得有些匆忙，背景的山体等都来不及画完，主要表现镇区建筑的群体效果。因为当年速写很少练习俯视角度，故纳入。

图29-路边老屋-1——1991.12

路边老屋独立山坡上，块石垒成的房基上临溪悬挑出一处小小的阳台，感觉很好。整个屋子为砖木结构形式。昂首于石头山坡，周边也没有什么树木，似乎有种历经风雨的沧桑感，整体看起来像个古驿站。

图 30- 路边老屋 -2——1991.12

　　这也是一处较为独特的路边老屋，片石垒基、砖木结构。利用台地式地基，将厕所、猪牛棚和储物间之类的辅助用房架设于最低处，厨房边上留出较为开阔的晒场等作业空间，房子虽然破败，但功能和空间的安排很贴合农家生活实际。

图 31- 水塘边老屋——1991.12

　　烈日下的大水塘边上，参差不齐的几栋民房。村落不大，房屋结构形式也较为简陋，想必建设年代不长，估计是就近迁过来的几户人家的居所。偌大的水塘倒是可以好好规整利用，发展水产业。

图 32- 溪边老屋——1991.12

　　此屋有一定规模，呈对称式布局，形式上类似四合院格局，独立水溪边，景观很好。看到此景想起辛弃疾的诗句："旧时茅店社林边，路转溪桥忽见。"
画面以近景的石板桥和中景老屋侧面及坡屋面为表现重点。

图 33- 八大山人纪念馆新建长廊——1991.12

　　周末与江工的老乡来警校同学处玩。在八大山人纪念馆参观了大半天，也看不太懂朱耷的画，感觉有些深奥，但总体觉得蛮好，心想下次有机会还要来，也许下次再看会有更深的理解了。坐在新建的长廊栏杆上休息时画了这幅，也算是这次来的一个收获了。

图 34- 东源绣楼——1991.12

　　高高的绣楼正处在巷道拐弯处，大块的青石地板铺贴成的巷道悠长深邃，想着坐在绣楼上品茗观景，一定惬意。俯瞰街巷，居高临下，一目了然，街巷上人流活动，尽收眼底。不知此绣楼上当年是否上演过"抛绣球"的戏码。这是当年练习速写后期的画作，相比前期，线条笔触更加流畅，概括力、表现力明显提高了。

小 结

1. 现场是最好的教科书。练习建筑风景户外写生，对建筑学专业基础的积淀是多方面的，最直接的就是可以加强手头表现的基本功；其次，能提高画者对形体和空间的理解、记忆和想象能力，并且在潜移默化中也能提高画者的审美判断能力；另外现场写生作画是观察、思考和勾画同时进行，是眼、脑、手高度一致密切协作的过程。因此每一次写生其实就是一次观察力、思考力和表现力的训练，这些特质正是建筑设计创作重要的基础素养。

2. 画准是画好的基础和前提。许多初学者经过几次写生可能仍觉画不好，感觉画出的东西实在拿不出手，就失去信心，放弃了。其实，刚开始的起步阶段，训练的侧重点不能太多太全，能把眼前的实景实物画准了就行，不必过于追求线条笔触如何的潇洒流畅，更不必追求画面的精美与艺术性。甚至明暗关系、远近关系的表现也可以暂时不计较。只有先画准了才能再力求画好。

3. 关于写生工具。实景写生因为要经常外出，有时可能要走许多地方，所以写生作画的工具应尽量简便易携。一本速写本，一到两支钢笔即可（最好有一支弯头的美工钢笔）。总体上工具和装备不必太多，否则反成累赘。

手绘 鸟 瞰 图是真正的考验

● 考验对画面全局的把控和驾驭

● 考验空间想象能力与表现能力

● 练就过硬草图功夫必闯的难关

鸟瞰图的绘制是效果图中最难的，也是最能考验一个人对画面全局的把控和对整体效果的驾驭能力。

笔者1992年参加工作，在规划部门从事规划设计，接触的项目多为尺度较大的城市重点地段改造规划、片区规划、居住小区和村镇规划等。效果表现多为鸟瞰图，如滨江花园暨龙珠宾馆规划（沿江路路堤改造工程规划）、人民广场改造规划、阳明路井冈山大道交叉口圆盘暨高杆灯规划（鸟瞰草图遗失）、天玉镇镇区规划（鸟瞰草图遗失）、白鹭洲暨书院改建规划（草图遗失），等等。那段时间画了很多鸟瞰图，有纯线条白描、铅笔画、水粉画，还有油漆画等，感觉那是对自己的锻炼提高最有效的一个时期。

鸟瞰图的绘制比正常的平视效果图难度大得多。考验的不只是对透视关系的把握，更考验对画面全局始终如一的把控。需要时刻把自己悬在空中某个点位来审视画面，场景的构成也完全靠自己的想象来勾画形成。整个绘制过程，必须脑、眼、手高度一致，全神贯注。有时为了一气呵成完成一个设计方案，经常忘了吃饭。记得有一年春节大年三十，因为要赶时间做一个井冈山革命传统教育基地的方案，一整天就待在房间里，总共就吃了一碗面条。最后鸟瞰图完成后的那种轻松愉快的感觉简直就是享受！做建筑方案设计有时还真像十月怀胎，一朝分娩。在想法成熟之前很痛苦，就连睡觉时脑子里也还在思索，一旦有了灵感半夜爬起来勾画构思草图，记录梳理想法也是常有的事。

画鸟瞰图对自己的注意力能否集中也是考验，需要全程心无旁骛、专心专注，排除一切干扰。动手前一般心里就有一个大致的构想，建筑主体、场地、道路和环境植物等场景搭配等，都要在脑海中排好兵、布好阵。画的时候还要反复将画面与自己的想象作对比。许多分寸的拿捏、度的把握，靠的是训练有素后的积累。比如近大远小的透视关系，这是个建筑表现的常识，就算非专业的人也明白。但具体到一幅效果图中的每个元素和部位，前面离得近的与后面离得远的，相差多少合适，就全凭自己的感觉判断了。这些都得益于在之前的速写强化训练当中积累的画面布局、空间想象、形象思维和线条概括能力。

又因为是在空中俯瞰，一览无余。画面中的每一处、每一物都要体现这种恰当的透视关系和比例尺度关系。稍不留神，就会出现比例失真、局部歪了或者画面翘了等现象。应该说能画好鸟瞰图，就能轻松绘制其他视点的效果图了。因此，多画鸟瞰图是提高方案草图功夫的捷径，也是练就过硬草图功夫必须闯的难关。

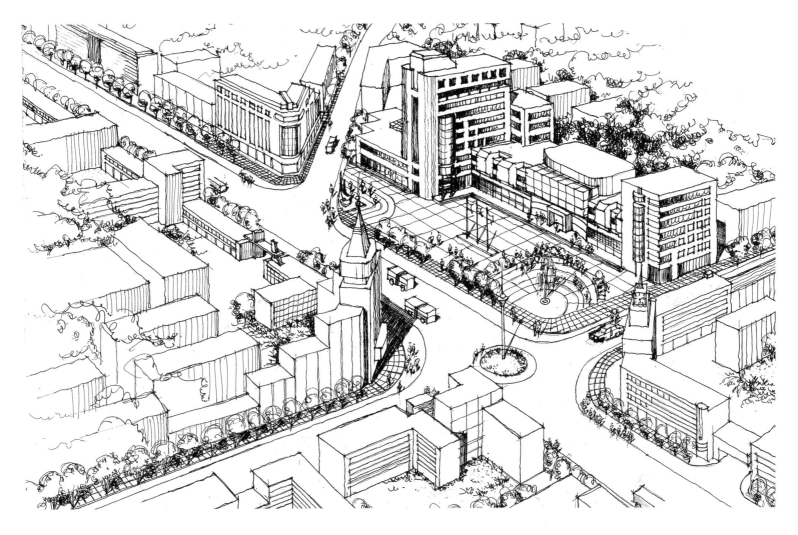

图 35– 靖安县城中心鸟瞰——1992

　　此为笔者毕业设计项目《靖安县城市总体规划》中的县城中心鸟瞰图。是笔者在即将走出校门进入社会的过渡期，接触到的真正具有实践意义的城市设计类项目，也是笔者的第一张手绘鸟瞰图。

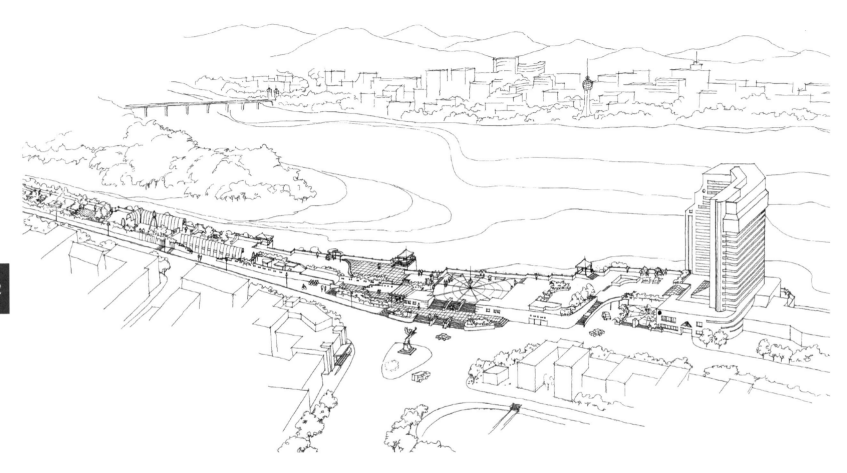

图 36– 滨江花园暨龙珠宾馆——1992

　　此为笔者参加工作接手的第一个较大型城市重点地段改造规划。当时的河堤简陋且年久失修，堤内路段低洼，一到雨季就内涝成灾，政府苦于资金短缺，计划以项目招商提供宾馆建设用地换取路堤改造所需投入，一举解决防洪防涝和城市环境面貌问题。由于招商未成，当时仅部分实施。现该区域改造为吉安大桥西岸交通枢纽，大大缓解了桥头交通拥堵的问题。

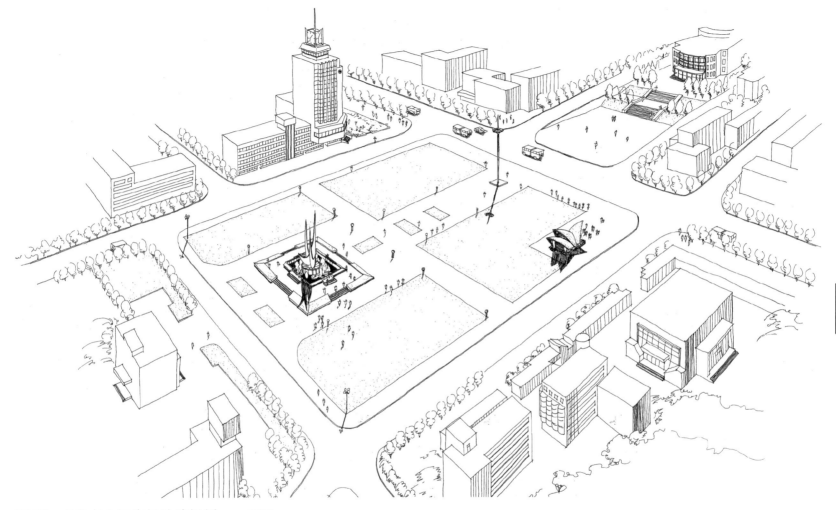

图 37- 吉安市人民广场改造规划——1993

当时的人民广场真正建成使用的只有大约一半面积，左边一半全为服装售卖棚。该规划将服装售卖棚全部拆除，拓展人民广场面积，为市民提供更大的共享空间；十多年后，又做了第二次改造，主要是将四块大草坪改为乔灌草结合的、更为立体、更为丰富的绿化形式，同时增加了一些亭、廊、架和卫生间等休闲服务设施。

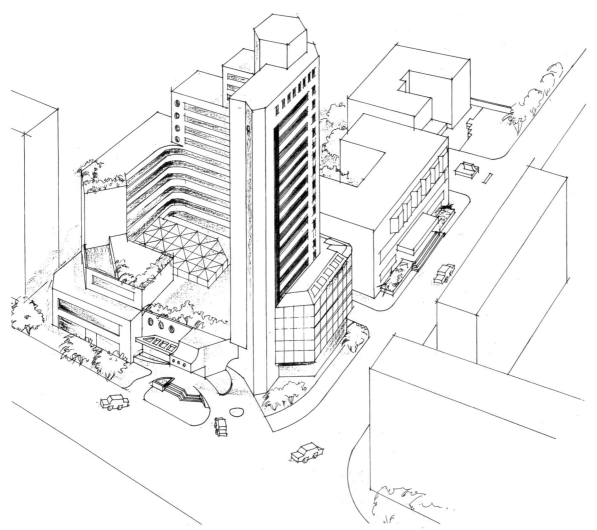

图 38- 吉州宾馆改建规划——1993

吉州宾馆地处井冈山大道中部核心地段，拆迁难度很大，该规划至今未实施。如今，该区域越发拥挤不堪，仅一平方公里左右的范围内，紧挨着两家医院，还有学校、宾馆、银行、饭店和许多住宅等多种功能性质的建筑挤在里头。去趟医院得下一个大决心，因为要事先想好怎么接送的问题。如果自己开车去，那堵在门口的时间可能比在医院的时间还要多。该下决心对这个区域动"大手术"了。

小庭院透视

图 39- 公路局办公大楼鸟瞰及内庭——1993

　　这是公路局的办公大楼方案。当时还对其内庭院做了比较详细的设计，画了一个由大楼内厅向外的透视效果图。当时地区建筑设计院急需充实建筑学专业力量，院里在为笔者办调动手续的同时，要笔者做地区公路局办公楼建筑方案。这其实就是一种考核，而笔者也着实下了一番功夫，一口气做了三个不同的方案，用了三种不同的表现形式，另外两个方案表现图为两点透视，表现形式为钢笔淡彩和马克笔（图 62、图 63）。

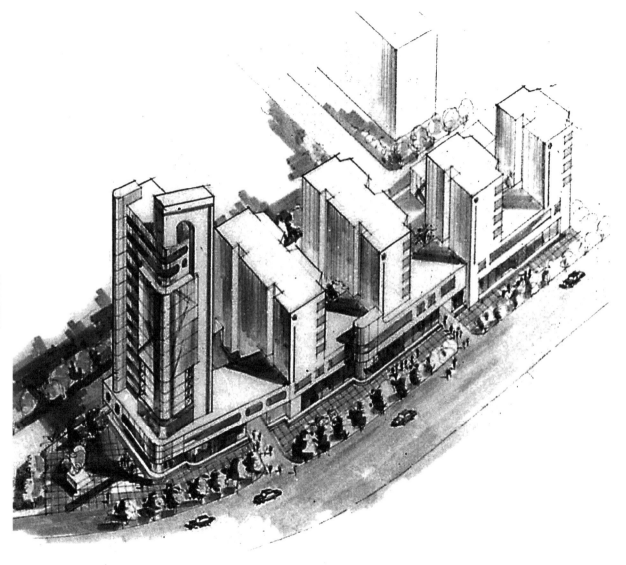

**图 40- 电视机厂城区地块改造
鸟瞰——1993**

　　该用地位于城区主干道旁，更新
改造为商住综合性质。用地狭长，由
四栋底商楼住多层建筑与一栋 16 层
商业综合大楼构成。方案着重突出了
当头的 16 层综合楼建筑外立面造型。
此图为用当年留下的 6 寸彩色照片扫
描放大后转为黑白的效果，清晰度降
低了许多。

图 41- 赣新彩电厂前区鸟瞰图——1994

　　该规划为赣新彩色电视机厂的厂前区规划，旁边是职工生活区，厂房等生产区未纳入。此图为当年应施工单位要求画的一幅工地现场油漆画。此为当年拍照留下的照片，这图为用 6 寸彩色照片扫描放大后转为黑白的效果，清晰度降低了许多。

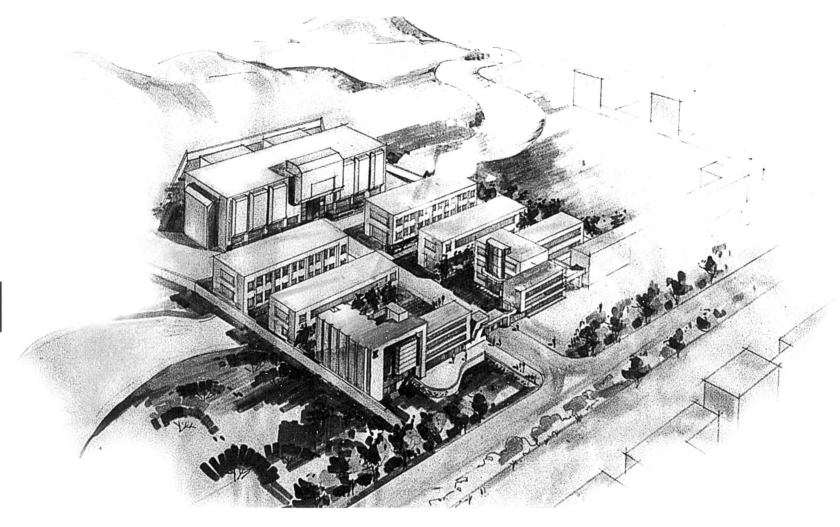

图 42- 天玉镇厂区规划鸟瞰——1994

  这是当时区里的一个招商引资项目，位于天玉镇区 105 国道旁，规划保留了基地内的一条水系和入口旁的一处水塘，充分利用原有地形地貌，营造出园林式厂区环境。此图为用当年留下的 6 寸彩色照片扫描放大后转成的黑白的效果，清晰度降低了许多。

图 43- 江东花园 A 型别墅鸟瞰图——1994

　　图 43、图 44 为笔者刚从吉安市规划处调入地区建筑设计院时，接手的一个别墅区设计，应该算是吉安市最早的别墅类商品房开发项目。那时的河东还只是河东经济技术开发区，地价很低，还处于需要吸引人气的阶段。此一时彼一时，而今此类低容积率的开发已经不被允许了。

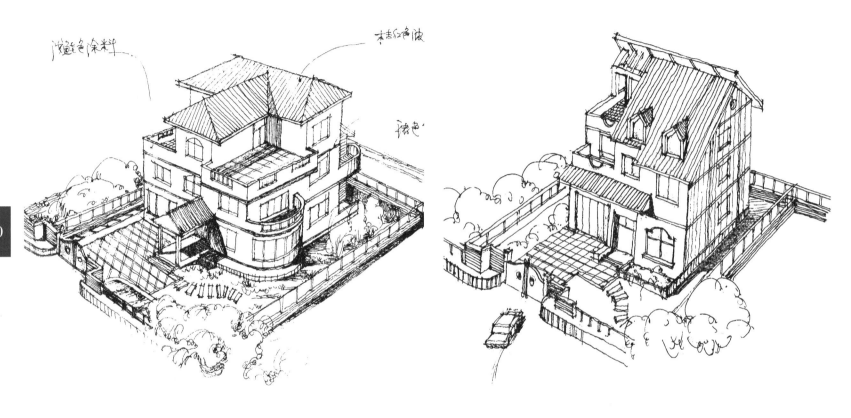

图 44- 江东花园 B&C 型别墅鸟瞰图——1994

图 45- 地直机关安居工程鸟瞰——1994

　　这是早期的安居工程，主要为解决地直机关单位干部职工的居住问题。用地为古庐陵县府衙护城河位置，因淤泥较厚、基础很深，大部分建筑是人工挖孔桩基础。

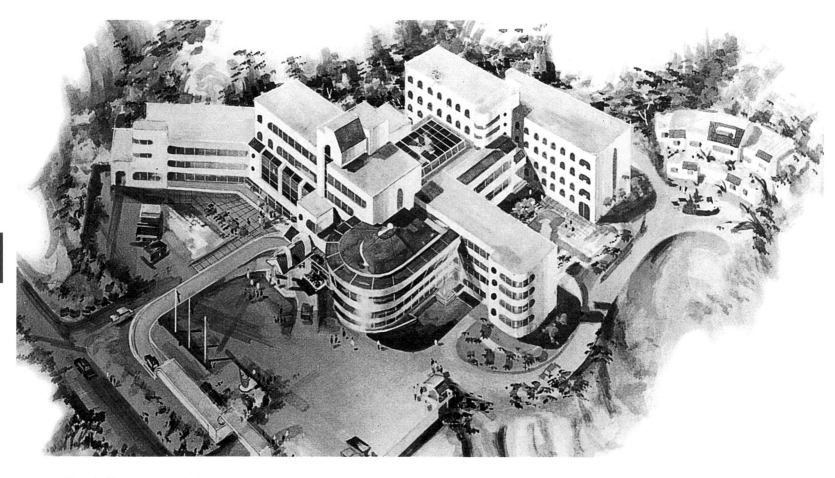

图 46- 某银行井冈山培训基地——1995

　　这是地区某银行的井冈山干部培训基地的建筑设计方案，用地条件在井冈山茨坪镇算是难得的宽裕，因当时建筑有限高要求，用地条件也允许，建筑采取了较为分散的布局形式。水粉画表现形式，此图为用当年留下的 6 寸彩色照片扫描放大后转为黑白的效果。

图 47- 吉安海关、商检办公及住区规划鸟瞰——1996

这是当时的吉安海关和商检两个单位的办公区和干部职工居住区的总体规划与概念设计。用地位于当时的河东经济开发区核心地段。由于资金和立项等原因，若干年后只实施了很小一部分，与原先的计划和方案相差甚远。马克笔淡彩表现形式，此图为用当年的6寸照片扫描转为黑白的效果。

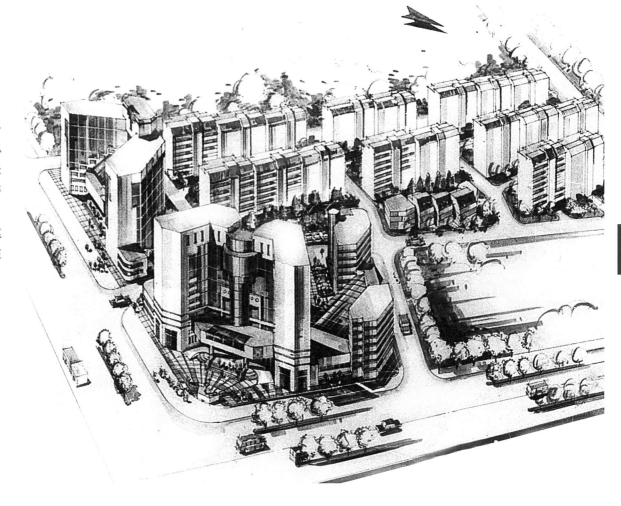

**图 48- 吉安一中教学楼
鸟瞰——1996**

　　此鸟瞰草图是当时设计招标的中标方案效果图原稿，用当年的 6 寸照片扫描放大后转为黑白的效果，钢笔加马克笔淡彩表现形式。最后的实施方案做了一些修改，主要是将走廊与教室朝向进行了对调，目的是避开校园中心道路对教室的干扰，见钢笔稿图 102。

图 49- 吉安地区某系统干部井冈山培训基地平面——1997

此为设计招标项目，基地三面为山体，而且较为陡峭，笔者经详细勘察地形及地质情况后发现岩层上覆土很薄，且岩层走向基本为顺坡方向，西、北两面山体之间形成一溪流，汇水面积较大。经与结构人员商讨并综合考虑后，采取了锚杆式立柱，支起一个大平台，其下除必要的功能用房外，全部架空，留出足够的泄洪空间。主附两栋建筑顺应等高线呈弧形依山而建，围合成马蹄形前场。其下两层预留管道从溪流上游引入山泉水至广场栏杆边上，形成一大一小、一高一低两处瀑布。创造出地下三层水帘洞的意境。遗憾的是后期建设未能实施"瀑布"想法，另外由于小溪上游的二期工程没有实施，整个项目的循环通道也未能形成。

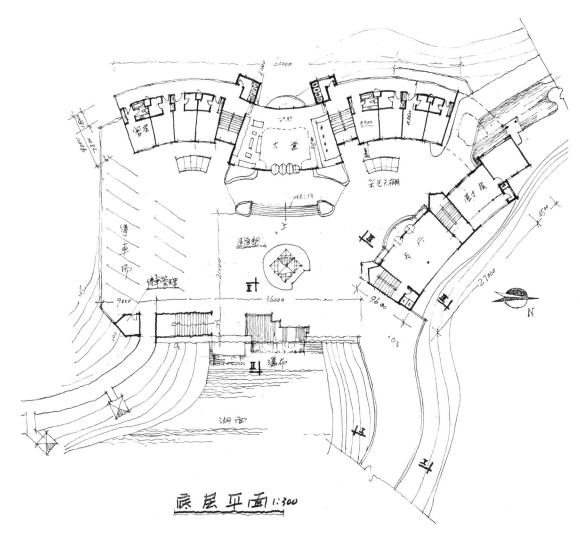

底层平面 1:300

图 50- 吉安地区某系统干部井冈山培训基地鸟瞰 −1——1997

　　建设期间，在刚好建完大平台、正值进行平台上部施工之际，就遇上 1998 年特大洪涝灾害。巨大的山洪正好从平台下留出的空间泄出，发出雷鸣般的巨响。据说当时现场建设管理人员一个个全都惊出一身冷汗，纷纷暗自庆幸当初选择了笔者的设计方案，可以说是经受住了严峻的考验。

图 51- 吉安地区某系统干部井冈山培训基地鸟瞰 -2——1997

　　这是在前幅钢笔稿的基础上完善后的水彩表现图，是用当年留下的 6 寸彩色照片扫描放大后转为黑白的效果。相比之前的方案，此次在屋顶形式上做了进一步完善，做成了波形瓦坡屋面。绘制建筑方案表现图的过程，其实是完善提升建筑创作的最关键阶段，作为建筑师应亲力亲为，不应完全放手给效果图公司。

图 52- 江西省社保井冈山培训基地鸟瞰及沿街透视——1998

　　此铅笔草图为当时设计招标中标方案原稿。基地位于北山公园山脚下，用地狭小，场外道路弯曲狭窄。方案布局结合地形和道路走向，将入住车辆通过一楼架空通道引入内庭，避免造成基地外的城市道路交通的拥堵。建筑形体布局与地形结合较好，突出了临街面体块转折接合部的处理变化，强化了建筑的标志性。

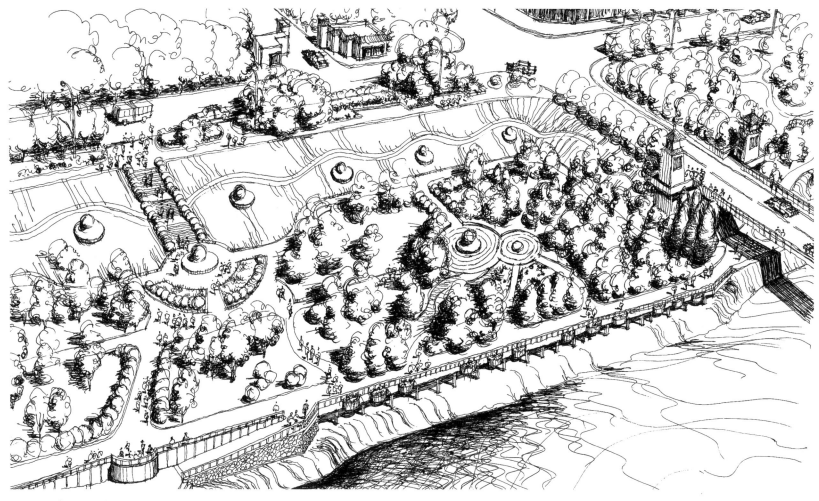

图 53- 滨江公园——1998

　　这是一个公园设计项目，当时沿江路堤外有许多民房和菜地，地势低洼，基本上每隔几年都要遭受一次洪水侵袭。作为当时的一个民生工程，政府下大力气把所有的民居房屋拆除，将居民安置在城中，原路堤之外被改造成湿地公园。因不能压缩行洪断面，公园大致维持原来的标高，略高于警戒水位，沿江路与公园之间用一大片坡地绿化过渡。考虑到要应对洪水的冲刷，公园内以绿化为主，尽量不增设建（构）筑物和景观设施。

图 54- 吉安广场花苑——1998

　　这是人民广场东面一块狭长的出让土地，为商住性质，方案一层用途为商业和停车等，二楼以上用途为居住，入户均从二楼大平台进入各楼栋。建筑造型着重于西面临人民广场立面的处理。采取了坡顶、退台的形式，尤其突出了裙房的中心入口部位的识别性。此图为用 6 寸照片扫描放大后转为黑白的效果。

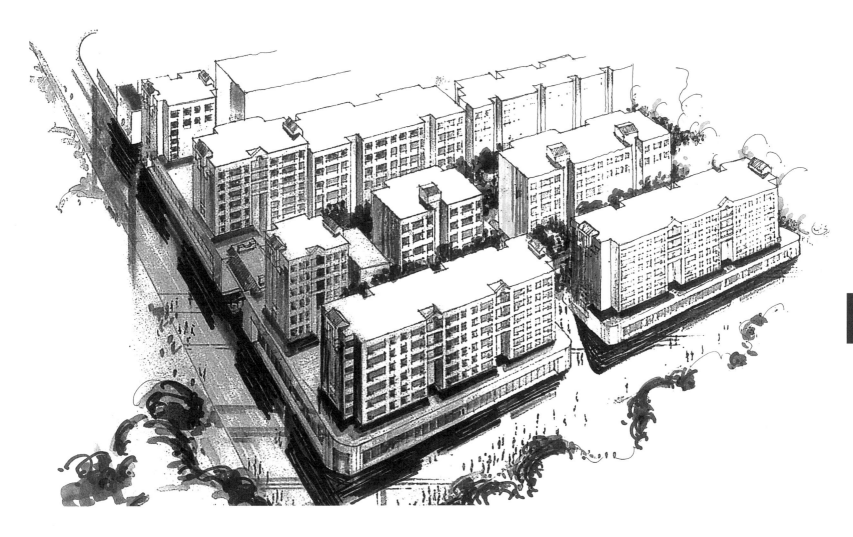

图 55- 西门口住宅群鸟瞰——1999

　　这是吉安市较为早期的成规模的住区开发，位置较为中心。商住一体的开发建设模式最大程度地发挥了地块的商业价值，由一个街办的开发企业开发建设。尽管相应的配套设施不够完善，但当时已算是很不错的了。此图为用当年留下的 6 寸彩照扫描放大后转为黑白的效果。

图 56- 江西省建设系统井冈山传统教育培训基地 -1——2001

　　此方案为设计招标中标方案，设计紧密结合南山公园山脚地形地势特点，将建筑体量分散布局，呼应山体形成高低错落的建筑群体效果，围合成半开放的庭院空间。建筑布局和竖向阶梯式地面标高的衔接处理，对原始台地地形冲击最小。并且，将入住车辆引至建筑后方，避免了与公园入口人流的相互干扰。

图 57– 江西省建设系统井冈山传统教育培训基地 –2——2001

　　这是建成多年后，以相近视角画的一幅建筑实景写生。背景南山公园的山顶上增加了火炬雕塑。建筑实体与当时的设计完全一致。图右上角为挹翠湖边上的井冈山博物馆。

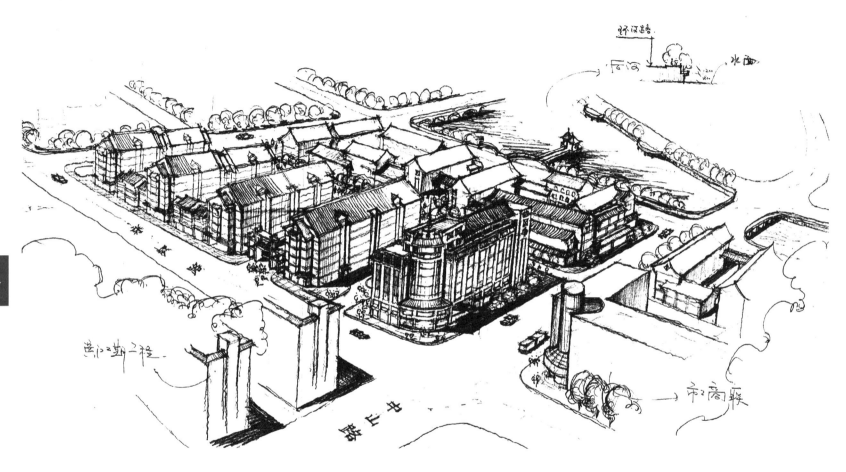

图 58- 下后街区改造鸟瞰——2001

　　后街为一条与永叔路（大街）平行的南北向巷道，介于永叔路与后河东路之间，分上后街、下后街两段。整个街区位于老城区，有较为悠久的历史，商业氛围浓郁，是商住一体的综合性街区。现状市政配套严重缺失、消防安全堪忧，必须进行全方位改造。该设计一是延续街区商住综合的总体功能定位；二是尊重街区布局的传统建筑肌理；三是全面提升片区的功能和市政配套，改善居住和商业的环境面貌。下后街东侧部分即新世纪苑（图 146）。

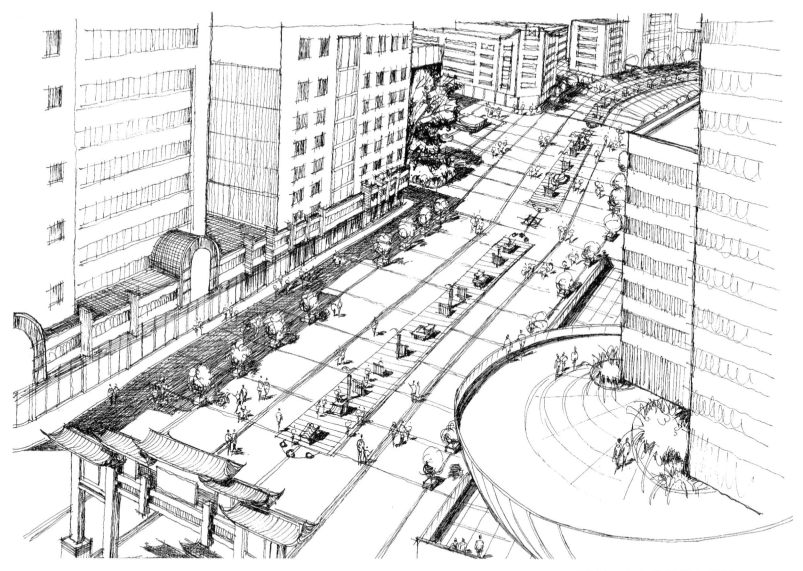

图 59- 文山步行街鸟瞰图——2001

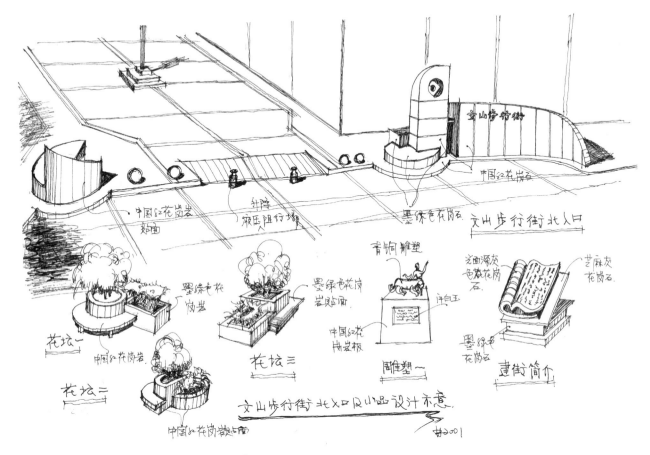

图 60- 文山步行街北入口及小品设计——2001

文山步行街的建设创造了吉安速度，从立项到建成开街，仅仅半年多时间。该设计突出的特点是将商业活动与庐陵文化、地方特色作了较好的融合。开街后的几年内，几乎成了吉安市的"客厅"，每天街上熙熙攘攘，尤其周末更是人满为患。每逢市里有重要接待，市领导也总要陪客人在街上走走。但有几个重要的缺陷：一是选址的问题，文山路是一条平行于井冈山大道的支路，选取中间一段作为步行街对南北向机动车交通影响较大；二是街两侧均为商住楼，住户的出行很成问题，而两边又未实现辅道疏解；三是当时规划了几处配套停车场均未实施。完善改造势在必行。

图 61- 某私宅建筑方案——2006

　　脱离建筑设计工作多年了，但还经常有老朋友找到我帮忙做些私房之类的建筑方案。有些实在不好推脱只能抽空做做，纯属帮忙性质。一般最多画个平面和外观草图，真到要实施就请对方自行委托有资质的设计单位做施工图。这栋私宅规模较大，占地约半亩，属于三代同堂的大家庭。

小　结

1.建筑透视效果图从视角分有几类：一点透视、两点透视、仰角透视和俯角透视，其中仰角透视和俯角透视中，视角正向居中的部分接近一点透视。视角偏斜稍低的俯角透视就是通常说的鸟瞰图了。

2.几类透视效果图的应用。比较而言，一点透视由于表现不够全面，往往只用于突出表现建筑正面效果。用得最多的是两点透视图，也就是平视效果图。这类效果图一般是以站在地面的人的视角，或近或远，或左或右观看所得的效果。两点透视的画法关键在于确定好视平线，找准两个消失点。鸟瞰图主要用于表现场景宏大的建筑群体，是几类透视图中最难画的。

3.通常讲，先易后难，循序渐进。而笔者因为工作经历是先到规划部门从事规划工作，而后到建筑设计院做建筑设计，走的是反其道而行之的路子，一出校门画得最多的反而是鸟瞰图。回头看，这也恰好使得自己在做建筑设计工作期间，每接手一个设计任务都习惯性从更大的范围、更宏观的角度去思考审视单个项目的设计问题。

从工具辅助到 徒 手 绝非易事

- 提高透视关系的直觉判断是训练的核心
- 每次描绘修正的改进是训练提高的关键
- 建筑效果图的本质作用是设计意图表达

徒

THREE

手

绘制建筑效果图，在开始练习时离不开辅助工具。若要完全甩开辅助工具，直接徒手绘制，则需要一个较漫长的、持之以恒的训练提高过程。这个过程要有意识地强化自己对建（构）筑物形体的观察力和想象力。最核心的是要在训练中逐渐提高自己对透视关系的直觉判断能力。

建筑效果图最大的难关就是对透视关系的把握。大学期间每到做课程设计最头痛的就是表现图了，首先要做的是求准透视，零号图版（有时还要加长）、丁字尺（有时得用上细线）是必不可少的，大头针也是必备的，因为要找到透视消失点。每次画透视图都是摆开架势，小心翼翼，麻烦得很。但这样的过程也是必不可少的，多训练几次后，慢慢地就能靠眼睛和感觉来确立透视关系了。

甩开这些工具后画出的透视草图，还得反复将草稿放远点或挂在墙上观摩对比，甚至请旁人来观察、来感觉。这种反复比对、校核、修正的过程就是透视感觉越来越准的过程。记得大三课程设计是幼儿园，当时马志武老师给我改图，用的是 5B 铅笔，改了好几遍，每次改完后站起来观看，感觉有

点欠缺又坐下来再改。弄得手上全是铅笔灰，因为太专注图面效果，抹黑了脸上好几块。我们几个围在边上的学生想笑又不敢笑的样子至今仍记得。这样的修改再修改，多练多试才能逐步提高视觉判断能力。

再之后，徒手草图也不是一上来就能直接成图。一般先用透明硫酸纸打底稿，可能很多涂改，基本感觉差不多了，就再用另一张透明纸覆盖描绘，描绘时可能还会有较多修正。一般来说，每次修正都会在上一次的基础上或多或少有改进，要么是透视关系更准了，要么是尺度比例更接近了。有时需要两三遍甚至四五遍，才能达到自己满意的效果。到后来练得越多，这样的描绘遍数就越少了，直到最后能一遍或两遍成图，那徒手草图的功夫也就基本练到家了。剩下的就是经营画面、强化效果和景物搭配等相对容易的、锦上添花的事了。

配景的画法可以另行参照此类专门的书籍，树、人、车等的画法都有许多。而建筑效果图表现的重点还是建筑本身，相关的配景主要起渲染烘托相应场景氛围的作用，可以画得抽象写意些，不必过于精细刻画，但求尺度和行为动态等与建筑性质相匹配、不失真即可。

图 62- 吉安地区公路局办公大楼方案 -1——1993

　　这是地区公路局办公大楼的方案之一，布局为建筑主立面临井冈山大道，优点是充分展示建筑形象，丰富了主干道街景立面。缺点是正面朝西，所以窗户采取了遮阳措施；另外干道上交通噪声的干扰也比较大。原为钢笔淡彩的表现形式，此为用照片扫描放大转为黑白的效果。

图 63- 吉安地区公路局办公大楼方案 -2——1993

　　这是笔者入职地区建筑设计院前的一个考核性质项目——地区公路局办公大楼方案。做了三个完全不同的方案，这是其中之一，马克笔加铅笔淡彩表现形式，此图为用 6 寸彩照扫描放大后转为黑白的效果。

图 64- 小别墅建筑方案——1993

　　这是早期受托帮朋友做的一个小别墅设计效果图，为水粉画，此图为用彩色照片扫描转为黑白的效果。参加工作初期的建筑画中，水彩、水粉以及油漆画都有。后来因为画起来较为麻烦，多用更为便捷的钢笔画、马克笔画、铅笔画等。

图 65- 某研究所建筑方案——1993

　　这也是笔者早期的建筑方案表现图，为水粉画。此图为用当年的彩色照片扫描放大后转为黑白的效果。后因水粉颜料画笔保存清洗较为繁琐，基本不用了，改用更为便捷的铅笔画、钢笔画和马克笔画等。

图 66- 永新县水利局办公楼——1993

　　这是当时受永新设计院的委托所做的一个建筑方案。水利局的办公楼体量较小，用地位于主干道旁，建筑造型要具有一定的标志性，又恰好在两条干道交叉口，所以重点是转角立面和屋顶部分的处理。

图 67- 赣江制药厂办公大楼——1993

    当时的赣江制药厂主要的产品市场在海外，效益好。厂里计划大兴土木建设厂区办公楼和大门，大楼建筑方案寓意为"高瞻远瞩""蒸蒸日上"。然而正当准备进入实施阶段时，却因国际形势突变，厂里效益急转直下，直接导致基建下马。此图为用当年照片扫描转为黑白的效果。

图 68- 赣江制药厂大门 -1&2
————1993

当时的赣江制药厂效益很好，准备将厂区大门改建。受托做了两个方案，设计方案寓意为"腾飞"。正准备建设之时，却因受海湾战争影响，厂里产品出口急转直下，因此该大门方案也并未实施。

图 69- 地区计生委办公楼——1993

　　当时的地区计生委没有单独的办公楼，计划单独选址建设，笔者便受托做了这个方案，实施时由另一设计小组完成施工图，对该方案做了一些修改和简化。此图为用当年照片扫描放大后转为黑白的效果。

图 70- 永新县财政局办公楼建筑方案——1994

    此为当时该局办公楼建筑方案的汇报稿。马克笔表现形式，此图为用当年照片扫描放大后转为黑白的效果。整体上为现代建筑风格，实施方案在此方案的基础上作了少许修改，见钢笔稿图 71。

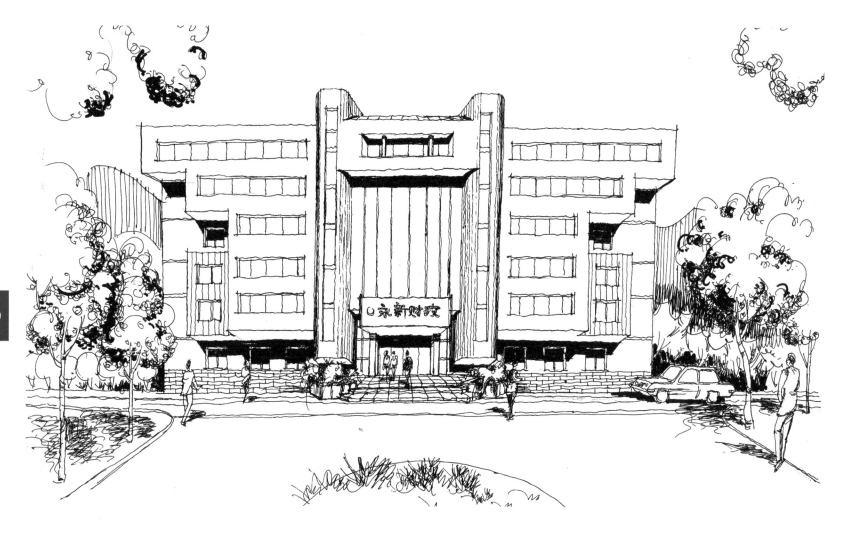

图 71– 永新县财政局办公楼实施方案——1994

    这是永新财政局办公楼的实施方案，对称布局，两个圆桶为楼梯间，中间大片玻璃幕墙与顶部体块形成强烈的虚实对比。正立面的凹凸体块处理增强了建筑的立体感和层次感。

图 72- 吉安地区信用联社大楼——1994

　　这是信用联社单体的初始方案，转角带窗加局部玻璃幕墙，奠定了建筑立面的现代感。弧形窗与圆角实体相呼应。裙房悬挑凹凸强化了建筑的立体感。整个效果圆润而挺拔。在当时院内两个设计小组内部比选中，以绝对优势胜出。马克笔表现形式，此图为用当年照片扫描放大后转为黑白的效果。

图 73- 地区农业银行比选方案——1994

　　因为地区农业银行和信用联社两栋建筑是当时市区最高的公共建筑，所以院里很重视。笔者作为参与设计的竞选者之一，在设计构思过程中，做了许多比选方案，这是其中两个，均为马克笔绘制。此图为用当年照片扫描放大后转为黑白的效果。

图 74- 吉安市农行信用联社——1994

　　地区农行和信用联社在当时刚分设，计划建设市区最高的大楼，位于主干道井冈山大道旁。因此，设计方案做了许多稿，表现图也画了多种形式。比较而言此稿为最优，既体现了两个单位的渊源和关系，又相对独立，以姊妹楼的形式耸立于吉安城北。此图为用当年照片扫描放大后转为黑白的效果。

图 75- 地区农行及信用社姊妹楼——1994

　　这是农行信用社姊妹楼方案草图的钢笔稿。该项目业主和院里都很重视，方案做了许多轮，只效果图就画了多种形式，着实费了许多功夫。信用社先建成，农行后启动，当时的想法是按姊妹楼的模式，后农行提出不能雷同，便改为图 76。

图 76- 地区农业银行最终方案
——1994

　　在经过多方案比选及多轮修改后，逐步与业主方达成一致。此方案稿为定稿，既维持了与之前"姊妹楼"构想的延续性，又突出了农业银行方面的独立性、主导性。之后稍作完善后成为实施方案，见钢笔稿图77。一个建筑方案的最后定稿，中间要经过许多的交流深化和完善。过程中快捷的徒手表现功夫起着至关重要的作用。

图 77- 吉安地区农业银行大楼实施方案——1994

　　这是地区农业银行最终的实施方案。与初始的"姊妹楼"方案有较大的变化，主要由于业主认为大楼位于道路交叉口，要兼顾两条道路的临街面效果，尤其不能与信用社雷同。

图 78- 永新县秀水大厦——1994

　　这是永新县城湘赣大道与秀水街交叉口的商业楼，功能为商场和旅社，位于汽车站旁。受永新设计院委托仅做了个建筑方案，施工图由县设计院完成。钢笔淡彩表现形式。此图为用当年照片扫描放大后转为黑白的效果。

图 79- 永新县城东门商业街主楼——1994

    这是永新县城东门商业街主楼，为商业街的管理服务办公用房。体量不大，只能在楼高上做得突出些，从侧面看显得有些单薄。水粉画表现形式，此图为用当年的照片扫描放大后转为黑白的效果。

图 80- 永新县人民政府办公楼改造——1994

　　当时的永新县政府办公楼为三层瓦房，砖木结构。因财力有限，只能进行改造。此为笔者与马志武老师合作的一个设计项目，当时老师在烟盒纸上画了个局部，由笔者进行完善后交由县设计院画施工图。改造后使用了二十几年，直至前几年才因功能和结构无法满足使用需要而拆除改建了。

图81- 永新某局办公楼——1994

此楼位于永新县城湘赣大道和义山路交叉口，楼高和体量比较小，设计以转角立面的变化强化建筑的标识性，建筑体块以圆弧形转角和弧形窗洞等体现建筑的现代感。效果表现为硫酸纸上马克笔淡彩，用时约一个半小时。此图为用当年照片扫描放大后转为黑白的效果。

图 82- 泰和农业银行——1995

这是当时方案汇报的原稿，马克笔表现形式，此图为用当年的 6 寸彩色照片扫描放大后转为黑白的效果。局部修改后成为最后的实施方案见钢笔稿图 83。

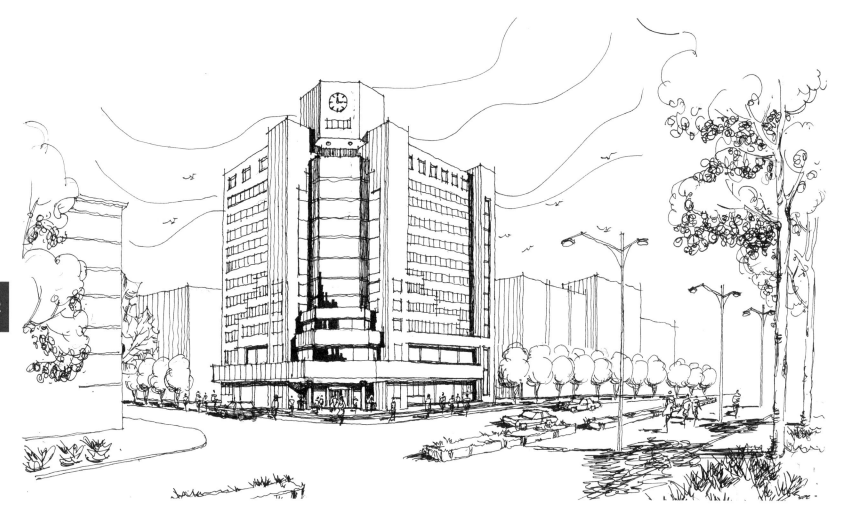

图 83- 泰和县农业银行大楼——1995

　　可能是地区农行和信用社的设计业主还比较满意，又推荐笔者做了泰和县农业银行和信用社大楼设计。泰和县农业银行位于道路交叉口，着重突出了立面转角处理。整体上为现代建筑风格。

图 84- 永新县邮电局营业综合楼——1995

　　永新邮电局营业综合楼位于湘赣大道和禾川街交叉口，在永新县城中心位置，当时的邮电局经济实力较为雄厚，建筑体量较大，用材方面也较新潮，整个建筑现代感较强。马克笔淡彩表现形式，此图为用当年的 6 寸照片扫描放大后转为黑白的效果。

图 85- 永新县禾川中学李真楼——1995

　　此为永新籍将军李真将自己收藏的字画拍卖所得，捐给禾川中学建了这栋教学楼，为家乡的教育事业作了贡献，体现出一个老将军的家国情怀。当时校方要求在方案中设计一处醒目的楼名位置，题写"李真楼"。因此方案中在入口中心部位设置了一处半圆实心桶体，留作楼名题写用。

图 86- 吉安地区老干部活动中心建筑方案过程稿 -1&2——1995

　　起初的两个方案在方向上有一定的可比性。马克笔淡彩表现形式，此图为用当年的照片扫描后转为黑白的效果。左图偏现代，右图偏传统，最后业主选择了相对传统些的，修改后成为实施方案，见钢笔稿图 87。

图 87- 地区老干部活动中心——1995

　　地区老干部活动中心与地区交通局大楼紧挨着，因为临街面不够宽，为了节约面宽，在两栋楼之间没有留间距，两栋楼建设不同步，基础设计上做了些技术上的处理。

**图 88- 地区交通局办公楼
初始方案——1995**

　　这是地区交通局办公楼的
初始方案草图，马克笔加喷绘
表现形式，用当年的彩照扫描
放大后转为黑白的效果。实施
方案对其做了较大的修改完善，
见钢笔稿图 89。

图 89- 吉安地区交通大楼实施方案——1995

　　交通局办公楼与老干部活动中心紧挨着，靠老干部活动中心侧墙基础采取了悬挑地梁的结构形式。现交通局进入城南行政中心，该楼改为老年大学功能，与之前旁边的老干部活动中心合二为一。

图 90- 永新某局办公楼——1995

　　该楼位于城市道路交叉口，两条道路约 70° 交叉，楼高为 5 层，方案突出强化了建筑的竖向挺拔感。转角立面处理以弧形转角和落地玻璃通窗增强建筑的现代感。硫酸纸上马克笔淡彩表现形式，用时约一个半小时。此图为用当年的照片扫描放大后转为黑白的效果。

图 91- 吉安地委办公大楼方案——1995

    这是当时地委办公大楼的比选方案，建筑体型中部形成了弧形内凹，呈拥抱之势，开窗为带窗阶梯渐变过渡到中间的局部幕墙形式，呈向上之势。屋顶局部突出，呼应入口雨篷的厚实庄重之感。当时许多领导赞成采用这个方案，但最后还是选择了方案一，见钢笔稿图 92。

图 92- 吉安地委办公大楼外观造型——1995

　　大楼建成使用了二十余年后，因市行政中心南迁，连楼带地划拨给了吉安师范附属小学，极大地改善了附小的办学条件。这些年市委市政府对教育事业的确很重视。

图 93- 永新商品大世界单体 -1——1995

　　这是一个市场方案的各单体建筑效果图，均用当年的彩色照片扫描后转为黑白。当时画有一张整体效果的鸟瞰图，但时隔多年已遗失。此单体为整个市场的主体，内部空间较大。其余单体为底商楼住或底商楼仓的低层建筑，均围绕此栋布局。

图 94- 永新商品大世界单体 -2&3——1995

　　上图为一转角单体立面、弧形转角处理模式。右图为一利用地形高差的单体，正面看为两层，背面地面较高，从背面看为一层。

图 95- 永新商品大世界单体 -4——1995

图 96- 某中学教学楼——1995

　　教学楼建筑形象以简洁明快为特色，不必过多装饰。只在入口上檐稍作点缀强化入口的导引性即可。硫酸纸上马克笔淡彩表现形式，用时约一个半小时。此图为用当年的照片扫描放大后转为黑白的效果。

图 97- 吉安医专主楼——1996

　　吉安医专主楼功能以行政办公为主体，联建几层阶梯教室，阶梯教室有单独的出入口，此为方案初始稿，马克笔加喷绘表现形式，用当年的照片扫描放大后转为黑白的效果。修改完善后成为实施方案，见钢笔稿图 98。

图 98- 吉安医专主楼实施方案——1996

　　因用地条件不是很充足，故采取了将教学行政楼与阶梯教室合建的形式，但主楼中心仍正对学校大门的中轴线，呈主体对称布局。这是最终的实施方案。相对初始方案主要将阶梯教室部分往后压缩，以弱化局部体块的突兀感。

图 99– 吉安医专大门及主楼雨篷——1996

　　医专学校大门处高于城市道路约 1.5 米，进入学校的行进过程观看大门是仰视角度，要着重刻画大门框檐下部位。进入校门后，主楼雨篷则不宜再做得过高过大，宜平实亲和些。

图 100- 泰和信用联社初始方案——1996

　　这是当时方案汇报的原稿，马克笔表现形式，此为用当年的 6 寸彩色照片扫描放大后转为黑白的效果。局部修改后成为最后的实施方案，见钢笔稿图 101。

图 101- 泰和县信用联社大楼实施方案——1996

　　这是泰和县信用联社大楼的实施方案，主要在初始方案的基础上对转角立面细部、雨篷做了调整。因业主提出原方案中的玻璃雨篷显得太过轻飘。总体看来，一楼的圆形雨篷似乎与建筑整体风格不太搭。

图 102- 吉安一中六边形教学楼——1996

　　笔者第一次采用六边形教室设计，光线、视距、声音都不错。三栋教学楼呈品字形布局，形成院中院式的学习环境。当时的校长坚持一定要采用园林古建形式的飞檐翘角，只能临时抱佛脚查资料、画大样，边做边学了。

**图 103- 遂川县新江招
待所——1996**

这是遂川县一个招待所
的建筑方案，弧形玻璃的实
施效果是关键。后来实施建
设时因业主方资金问题，改
为平面玻璃折角拼成弧面，
效果相差较大。此图为用当
年的彩色照片扫描放大后转
为黑白的效果，清晰度降低
了许多。

图 104- 南康市政府大楼 -1&2
——1996

　　南康市政府大楼与旁边的居住小区打包成一个设计招标项目，当时做了两个政府大楼方案，均未中标。回头看两个方案均有欠缺，与政府的庄重厚实形象要求有差距，幸好住宅小区中了标，也算没有完败。两个市政大楼方案如果用作某委办局的办公楼可能更合适些。

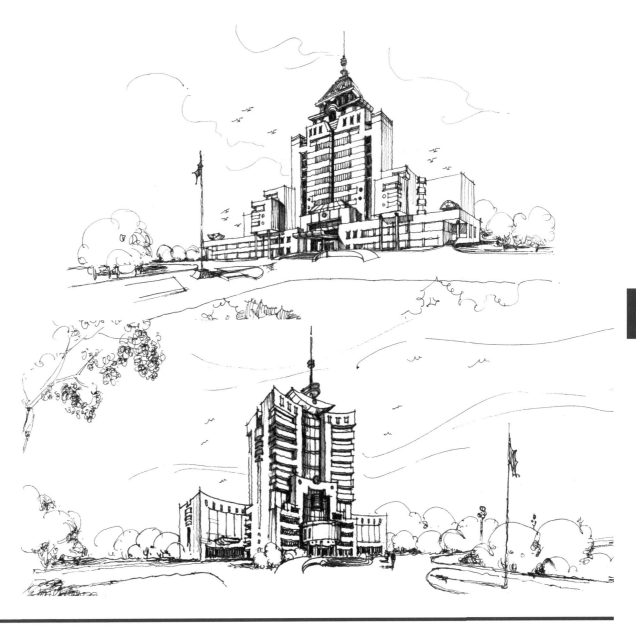

图 105- 永阳镇政府办公大楼——1996

　　该镇政府办公楼方案多少有些地委办公大楼的影子，但甲方非常满意，二话不说当即确定。可能是确定方案最快的项目之一了，建成后效果还是挺不错的。

图 106- 城北市场商住楼——1997

　　临街为商住楼，其后为一个菜市场。当年商住开发配建公用设施的模式比较常见，但从居住的角度讲，受市场的干扰和影响实在太大了。

图 107– 吉安电力公司业务大楼设计投标方案——1997

　　这是吉安电力公司业务大楼的设计投标方案。建筑功能有业务楼、食堂、系统内部招待所等。位于主干道旁，场地较开阔。当时业主很重视，设计招标竞争也较为激烈，后因建设用地调整至河东而未实施。此图为用当年的彩色照片扫描放大后转为黑白的效果。

图 108- 吉安地区农业银行国际业务部大楼——1997

这是中间方案表现图，马克笔加喷绘形式。此为用当年的彩色照片扫描放大后转为黑白的效果。该项目用地位于人民广场东侧，立面造型符号来源于"刀币"，整体造型厚重敦实，意欲展示该行具备坚实的经济实力。

图 109- 吉安地区农业银行国际业务部——1997

这是确定后的实施方案表现图，主要对入口大厅部位做了些简化。施工图完成后正准备启动建设，因上级行的政策变化被突然叫停，枉费了许多工夫。之后该用地出让作商住开发（图110）。

图 110- 人民广场东南角建筑——1997

　　此楼与图 115 天工楼为一南一北的对应位置，在建筑风格上、高度上形成对位和呼应。但当时均为商住楼开发，形象、体量和外墙档次与人民广场公共开放空间的尺度不够匹配。

图 111- 地区某局办公楼——1997

　　该局位于老城区，用地条件较为局促，办公楼建在院内，需经过临街建筑的底层通道进入，建筑形象展示只能对内。后因城南新区建设而整体迁建。此图为用当年的照片扫描放大后转为黑白的效果。

砖红涂料

白色涂料

白色涂料

褐色仿石面砖

图 112- 某商住楼临街立面效果——1998

　因商住楼临河，要求屋顶造型有起伏变化，以达到打破单调感、丰富临河街景立面的效果。但整体看来，变化多了些，似有堆砌之感。

图 113- 吉安市文化馆——1998

　　吉安市文化馆建筑方案构思创意来源于"书本""竹简""手风琴"和"一面旗帜"。欠缺之处一是体量小了些，一层的层高也不够高；二是几个创意元素结合不够有机，有堆砌感，再者后来部分租赁出去改成酒家对建筑形象和环境影响较大。

图 114- 天玉镇信用社业务楼——1998

　　当时的天玉镇房屋大多在三层上下，该营业楼耸立于 105 国道至镇政府的路口转弯处，设计突出竖向的挺拔感和转角立面的玻璃幕墙形象。多年来一直是该镇的"小地标"。此图为用当年的照片扫描放大后转为黑白的效果。

图 115- 人民广场东北角天工楼——1998

　　到了一趟上海，看到外滩的欧式建筑很震撼。回来后做了这个方案，但用在商住楼上并不合适，加上建材和工艺的问题，建成使用多年后效果与设计初始意图相差较大。

图 116- 铁路建行比选方案 -1——1998

　　铁路建行建设用地是当时河东经济开发区（现青原区）的核心地段。位于直通火车站广场的金竹路旁，业主要求较高，做了几个比选方案供其选择，为马克笔加喷绘和淡彩表现效果，此图为用当年的照片扫描放大后转为黑白的效果。最终实施方案见钢笔淡彩稿图 118。

图 117- 铁路建行比选方案 -2——1998

图 118- 吉安市铁路建行大楼——1998

　　这是铁路建行的实施方案，强调现代建筑的虚实对比，体型厚实又不失挺拔。由于建设单位资金的问题，建设时直接减了好几层，建成后的效果相差较大。钢笔淡彩表现效果，此图为用当年的照片扫描放大后转为黑白的效果。

图 119- 永新县城新世纪广场——1998

　　永新县城中心广场为一个四分之一圆形，新世纪大楼为商业楼，是广场的背景主体建筑，两侧建筑后来由两个不同的建设单位单独建设，并未按当时的方案实施。

图 120- 天工商住楼——1998

　　这是下文山路与鹭洲东路交叉口的一栋商住楼，底商楼住，建筑体型较长，有 6 个单元。为打破单调感，做了屋顶起伏变化和立面上的凹凸处理。表现形式为马克笔。

图 121- 广场花苑建筑方案——1998

　　这是广场花苑建筑群体临广场裙房部分的局部方案之一，入口的圆形玻璃顶棚与两边的实体形成较强烈的虚实对比，强化了入口的标识性。表现形式为马克笔。

图 122- 吉安师专中文系教学楼——1998

　　吉安师专中文系教学楼，为一围合式建筑，主立面中式风格，对称布局。绿色波形瓦斜坡檐口，中间大片落地玻璃窗通透明亮。屋顶局部架空一层，既有隔热防漏的作用，也增加了活动空间。

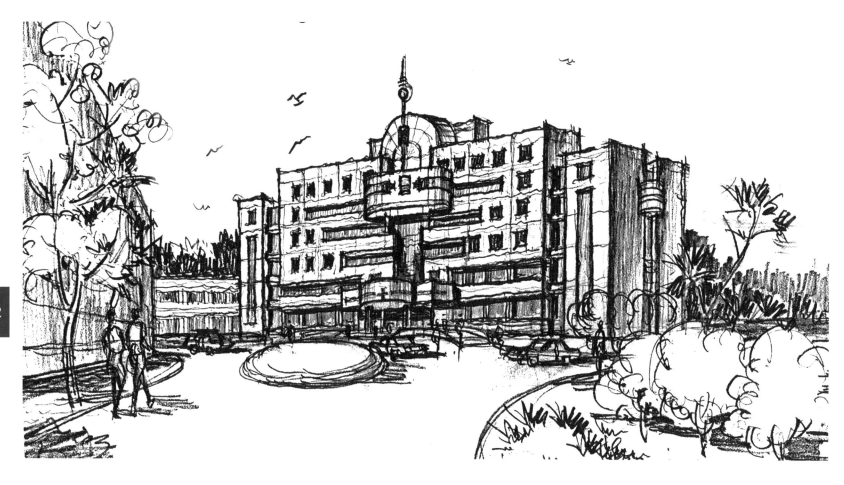

图 123- 吉安地区妇保医院住院部——1998

　　此住院部位于吉福路妇保医院内院，楼高 6 层，与门诊楼在侧面有一个两层的连廊联系。因整个医院用地条件较紧张，加上市区医疗设施布局过于集中，十余年后，整体迁建至城南新区。此图为初始方案的铅笔稿原件，中间方案和最终方案稿遗失。

图 124- 茶陵商厦方案——1999

　　此为茶陵县城中心地段的一个招商引资项目，那时还没有净地出让的要求，县里对此招商项目很重视，还开专题会议通过了该设计方案，但由于投资商实力问题和所提条件过高，县里难以满足，项目最终未能实施。

图 125- 恒荣花园方案——1999

    此为吉安市井冈山大道旁一栋商住楼。因其位于主干道旁，建筑立面和屋顶做了些造型处理，达到丰富街景立面的效果。建成使用已有多年。

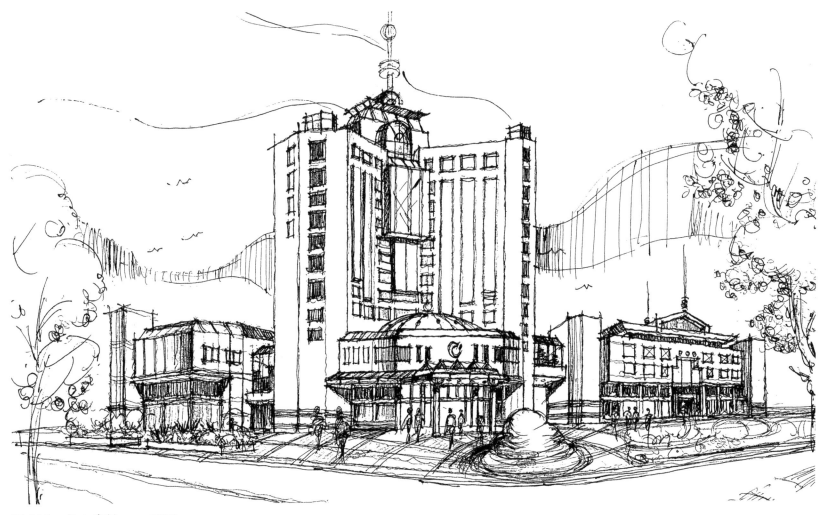

图 126- 文山宾馆——1999

　　文山宾馆位于井冈山大道和阳明路交叉口东南角，是吉安市中心城区最核心的地段，主体建筑采取面向转角的环抱态势，一则展示"欢迎"之意；二则使主体最大限度退让出转角空间，避免对公共空间造成压迫感；三则若今后交通需要建设交叉口环形天桥或立交，也能使客房部离交叉口的交通噪声远一些。主楼右侧与附楼的连接体下方为后院停车场入口通道。

图 127- 吉安县人民电影院改造工程 -1——1999

　　这是人民电影院改造工程设计招标中标方案原稿，水粉画表现形式，此图为用当年的照片扫描放大后转为黑白的效果。在当时 3 个参选方案评选当中，10 余位评委一致投票赞成采用此方案。实施方案仅对二层连廊部分作了些简化，见钢笔稿图 128。

图 128- 吉安县人民电影院改造工程 -2——1999

　　该方案为设计招标中标后的完善稿，该项目为利用原吉安县人民电影院地块（位于吉安市中心老城区，因属原吉安县城，产权仍属于吉安县）开发建设的商住综合项目，中间体块为电影厅，两侧为商住楼。方案创意来源于"胶片""银屏"。该项目建成使用多年后，因井冈山大道拓宽拉直被拆除。

138

图 129- 地区中心医院影像楼——1999

  该影像楼将医院 X 光、螺旋 CT 等设备集中在一起，因为要防辐射，故对混凝土墙体和楼板做了技术处理，有的装上了铜板。这也是笔者第一次接触此类工程，建筑立面造型以"注射器""U"形舱为元素，中间门厅上部的大面积落地玻璃窗后面主要为医生办公室等。

图 130- 吉安市建筑质量检测中心门头设计——1999

　　那一年，市建筑质量检测中心刚刚成立，租用一套一层住宅作为办公场所，位于当时的吉安地区行政公署后门口。门头设计方案思考：体量既不能太大、太突出，又要具有较强的识别性。在几个方案中选用了此方案。

图 131- 遂川宾馆迎宾楼 -1——1999

迎宾楼作为遂川宾馆的主楼，位于宾馆大门正对的中轴线顶端。采用了弧形体块和中部大片玻璃幕墙，体现"喜迎八方宾朋"之意。建成后不知谁的主意，在最高处加了四片马头墙，很是不妥。

图 132- 遂川宾馆迎宾楼 -2——1999

　　此为当时迎宾楼的备选方案，当时要求做两个风格完全不同的方案供选择。此方案造型也有"张开双臂、喜迎宾朋"之意，屋顶造型创意来源于"斗笠""蓑衣"。最后的实施方案为图 131。

图 133– 永新县人民法院——1999

　　方案创意来源于"法律盾牌"和"利剑高悬"等，整个造型棱角分明，庄严肃穆，体现了公正严明的法院建筑特性。四根圆形立柱，从地面直通至顶层楼面板下，在大片幕墙和退台光影的映衬下，更显庄重之感。此为当年的实施方案铅笔稿。

图 134- 永新工会大楼方案——1999

　　该方案并未实施，当时业主方因资金紧张，认为方案为欧式风格，细部和材质要求必然相对更高。此稿仅为方案交流稿，未及深化。

图 135- 分宜天工商厦方案 -1——1999

　　当时应甲方要求做成所谓的欧式风格，此为业主选择的商厦最后的实施方案，但笔者觉得该方案凹凸变化太多，显得堆砌。此图为中间方案铅笔稿。

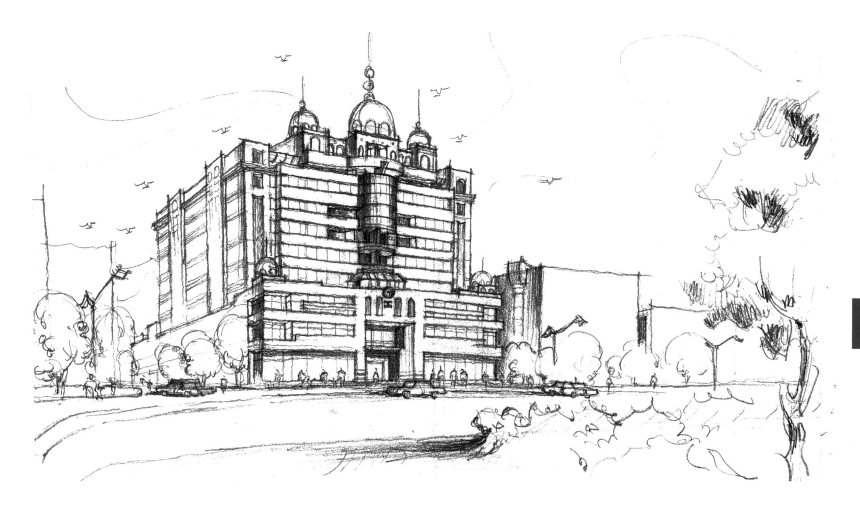

图 136- 分宜天工商厦方案 -2——1999

    此为当时的备选方案，两个方案区别不大，笔者觉得这个方案更佳。但由于业主坚持选择方案一，就只能由他了。此图为中间比选方案铅笔稿。

**图137– 吉安县卫生局办公
楼铅笔稿——1999**

这是卫生局办公楼初始方案的
铅笔草图。由于当时"欧式"风格
比较受推崇，所以业主方提出要设
计成"欧式"建筑。该方案在屋顶
造型、檐口线条以及门窗洞口形式
等方面响应了业主要求。

图 138- 吉安县卫生局办公楼
——1999

　　这是最后的实施方案效果图，马克笔绘制。相比初始方案，主要改动之处是压缩建筑进深，减少建筑面积。一楼商铺的门洞形状也做了改动。但后来业主仍坚持采用铅笔稿中的门洞形状。

图 139- 泰和县工商银行——1999

　　建筑体量不大，但方案的现代感较强，实体转角与中间落地玻璃凸窗形成强烈的对比，建筑体型挺拔，棱角分明。方案一次性通过，颇受欢迎。马克笔喷绘表现形式，此图为用当年的照片扫描放大后转为黑白的效果。

图 140- 上高县天工商厦——2000

　　业主方意欲以"欧式"作为其产品的品牌形象,故笔者又被要求做了一个"欧式"风格的方案,好在并未实施。否则我也要为"欧陆风"的盛行负点责任了。
此为当年汇报方案的铅笔稿。

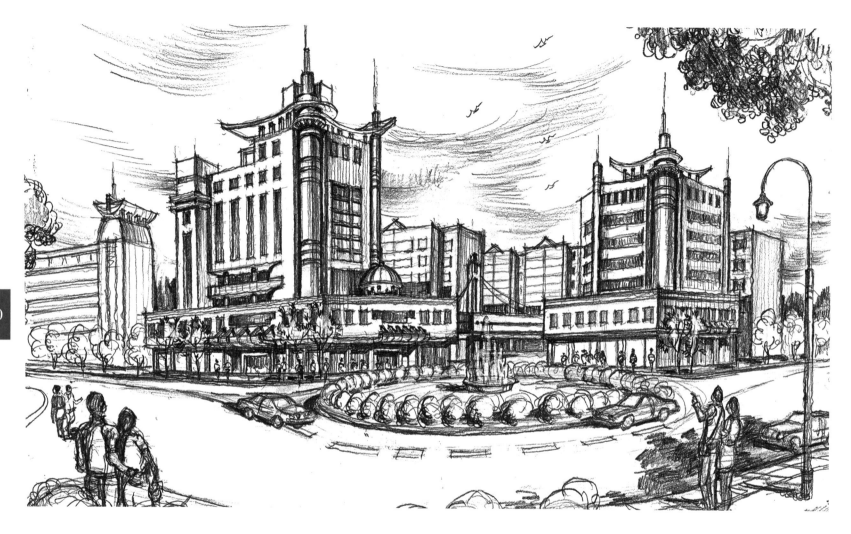

图 141- 吉安人寿保险公司主楼及附楼——2000

    吉安人寿保险公司用地位于城北转盘西北侧，为业务办公及干部职工居住区，位置显要。业主要求主、附楼均要有较强的标志性。此方案效果草图为纯铅笔稿，从起笔到收笔，基本没用橡皮。

图 142- 滨江三期工程江景立面构想——2000

　　图 142 ～ 图 144 为滨江三期工程方案从整体到局部，再到单体逐步深入的过程。从整体来看，因其为一线江景，着重考虑的是天际线的起伏变化和沿江建筑界面的变化。此为长卷式表现，是整体概念设计意向的钢笔原稿。

图 143- 滨江三期工程沿江立面（局部）——2000

　　从局部看，建筑形体、朝向、空间等设计和布局要兼顾整个地段建筑群体的通透性、丰富性和多样性。虽为居住建筑，但因一线临江，所以单体造型也要有变化、有特色（图 144）。

图 144- 滨江三期单体建筑方案——2000

     因其位置特殊，故在建筑布局上形成若干个内凹的休闲空间，以打破沿街的封闭感，并着重在建筑体型、朝向以及屋顶部位做了些变化。这是两种单体中的一种。

图 145- 新世纪苑方案 -1——2000

　　此方案铅笔稿为应甲方要求做成的底商楼住模式，笔者并不赞成商业店铺"围城"的模式，这种模式将带来交通组织混乱和商住相互干扰等诸多问题。因此趁业主换人之际，极力游说新的负责人外出参观学习，引导业主调整思路。

图 146- 新世纪苑方案 -2——2000

　　此为随业主到江苏参观学习回来后做的第二个方案，是项目最终的实施方案，为钢笔画表现图。方案二较方案一不同的是沿街转角处改为宾馆；所有建筑采用坡屋顶；底层商铺较方案一大为减量，强化了沿街通透感。

图 147- 井冈山厦坪综合商城——2000

　　此为井冈山市新市区旁边的厦坪镇镇区的综合商城，开发建设模式为商住一体，布局为外圈商住楼，中间围合成一个综合市场。一个镇区进行如此大体量的开发建设，在当时并不多见。

图 148- 吉安一中主教学楼方案 -1——2000

　　此为当时做的比选方案之一，由同事欧阳高明所作，笔者为其做的修改稿。另外一个比选方案由贺清华所作。经过多轮交流、修改，形成最后的实施方案（图 149）。

图 149- 吉安一中主教学楼方案 -2——2000

    该建筑方案与欧阳高明合作完成，当时做了多个方案，此为最后的实施方案。整体呈对称布局，内庭楼面高出场外地坪半层，为学生的自行车停放处。效果表现为一点透视，钢笔画。

图 150- 天工商厦——2000

　　此商住楼位于文山步行街中心广场位置正对广场。设计时着重在屋顶部位做了些体块突出和退台变化；在朝向上将中间一栋侧面改作正面；其余两栋建筑的山墙面，做了一些变化以丰富临街的西立面效果。

图 151- 天工商城——2000

  该商住楼位于文山步行街边，底商楼住的开发模式在当时比较多见，方案为了打破单调感，在沿街商铺部分设置了几处突出的门楼式体块，楼上住宅部分将山墙面做了凹槽加色块处理。

图 152- 永新正同和大市场方案 -1（草图）——2000

    此两幅铅笔草图为永新正同和大市场的两个方案，方案一造型以对称布局，强调虚实对比，相对方案二更显厚实、庄重。中间主体与两侧体块各有一个二层玻璃连廊连接，其下为市场入口通道。

图 153- 永新正同和大市场方案 -2（草图）——2000

　　方案二造型为非对称布局，以玻璃的通透感为主要特点。主入口做了重点刻画，偏离中心位置。整个建筑造型相对方案一有更强的现代感。缺点是后退部分的形式有些不搭。

图 154- 吉安宾馆三号楼方案——2000

此方案并未实施，当时业主方打算在进入宾馆院内左侧建设一栋高规格的接待楼，因资金问题搁置多年后重启建设。其右后侧即为伟人住过的一号楼。

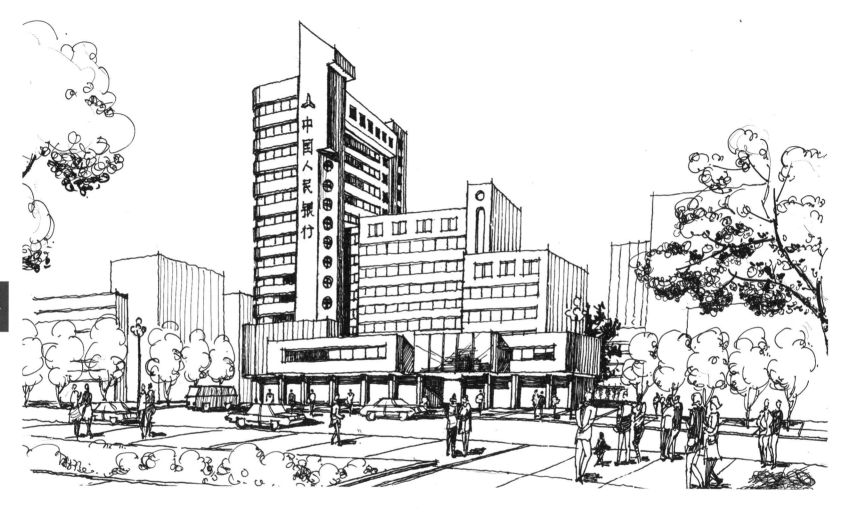

图 155- 中国人民银行吉安支行改造——2000

　　这是笔者与欧阳高明合作的一个建筑改造工程的建筑方案,在多个方案的比选中被最终选定。用马克笔的表现形式作为汇报交流的中间成果。

图 156- 井冈山北苑宾馆方案——2001

 这是江西省建设系统井冈山传统教育基地的其中一个方案。当时该项目为设计招标，笔者代表吉安地区设计院组织招标小组做了若干个方案参选并中标（图 56、图 57）。

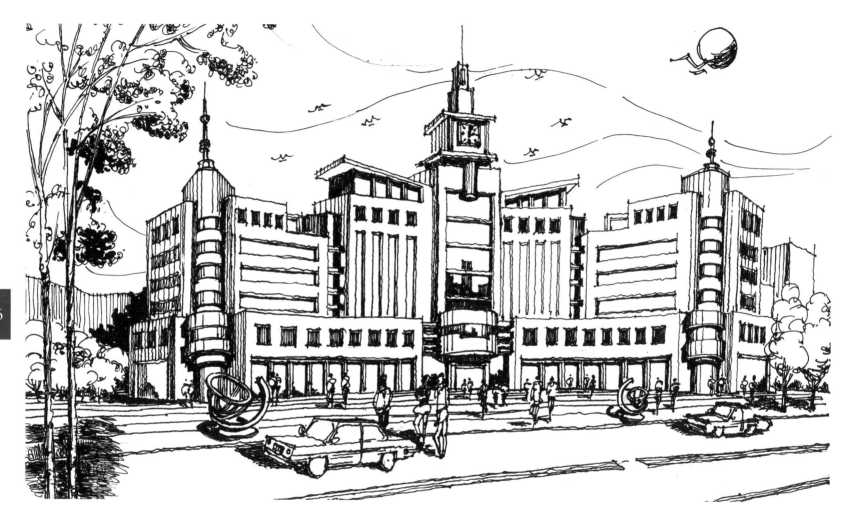

图 157- 永新县中心广场二期工程——2001

　　这是笔者与同事欧阳高明和贺清华合作完成的一个建筑项目，位于永新县城中心地段，建筑呈弧形布置，留出一个弧形退让空间与北面的新世纪广场形成呼应。当时两位新入职的建筑学专业人员各做了一个方案，笔者择优做了些完善，用马克笔画了这幅图。

图 158- 某县级政府大楼构思草案——2002

此方案为听闻某县级政府计划新建办公大楼后笔者所作的一个构思草案，当时我已调离设计院，并没有再做建筑设计工作的需要，也没有接受委托，纯属个人兴趣使然。

图 159- 陈氏宗祠方案 -1——2002

　　此为一陈姓老乡委托做的祠堂设计方案，应其要求做了三种模式，最终还是选择方案一作为实施方案。

图 160- 陈氏宗祠方案 -2&3——2002

中国紅花尚石

肉大理石

蓝色玻璃

图 161- 吉安市委党校大门设计方案——2003

　　此为笔者在党校学习期间，应校方要求利用课间休息时间为党校所做的大门设计方案，方案紧密结合"红旗""书架"的形象特点，党校特色较为明显。建成十余年后因党校整体迁建而被拆除。

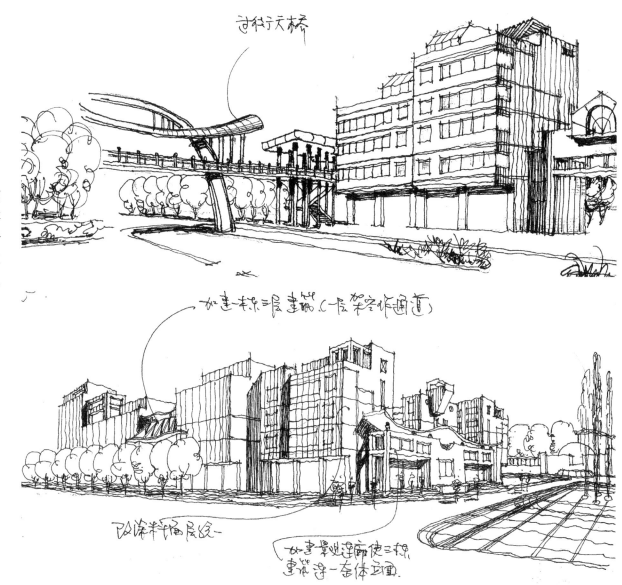

**图162－经开区中心商务区建
筑街景立面改造系
列－1&2——2003**

图162～图166为经开区中心商
务区规划的建筑街景立面改造方案草
图，当时正值经开区成立之初，位于
中心部位的一些自建房与中心商务区
的定位实在不相称，又不能完全拆除，
于是市里决定做街景立面改造。

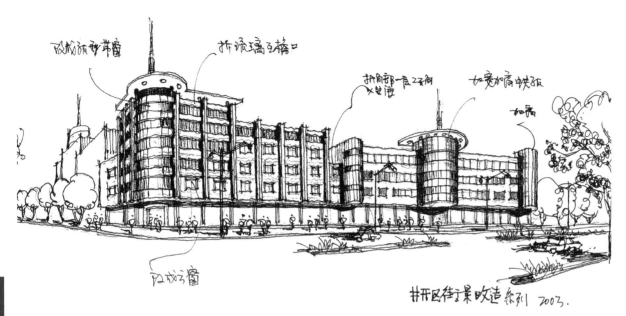

改成玻璃弧形幕窗　　　拆琉璃瓦檐口

拆局部一层2千间×电梯

加宽加高快扳

加高

改成方窗

井开区街景改造系列 2003.

**图 163- 经开区中心商务区建
筑街景立面改造系
列 - 3&4——2003**

　　上图为两栋建筑连体，改造拆除
琉璃瓦檐口，统一外墙色彩。局部顶
部加宽加高，两栋建筑接合部拆除一
层形成过渡。

　　下图为综合服务文化娱乐城入
口，采取开放式无顶大门，并以列柱
形式将人流导入。

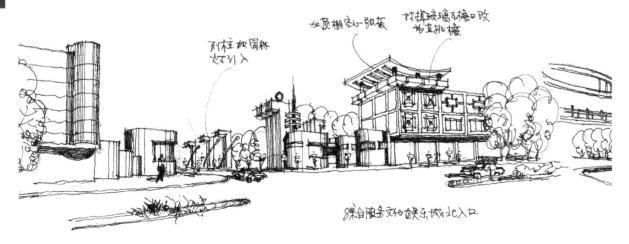

加顶棚空心弧板　　拆掉琉璃瓦檐口改
为直排檐

列柱加园林
灯引入

综合服务文化娱乐城北入口.

图 164- 经开区中心商务区建筑街景立面改造系列 - 5&6——2003

上图为两栋私房紧挨着。当时流行用琉璃瓦小斜檐口，大小不一，颜色不一，各行其是，改造主要是统一色彩和檐口形式。

下图建筑正对绿化广场，改造主要是统一建筑立面，加建构架过廊，做宽建筑临广场立面的面宽。

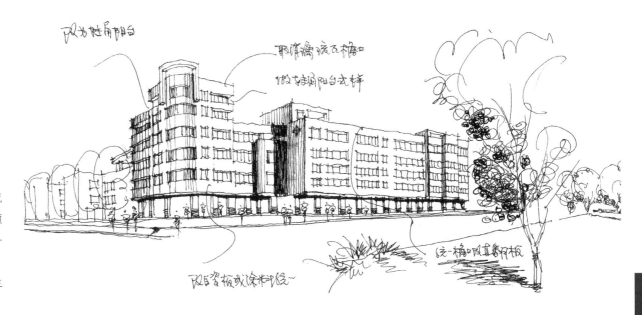

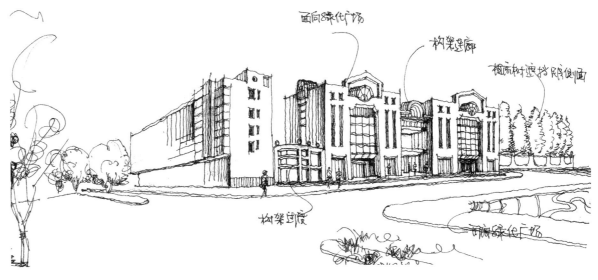

图 165- 经开区中心商务区建
筑街景立面改造系
列 - 7&8——2003

上图为进入经开区路口转角的第
一栋建筑，形象和体量难以匹配。改
造在尽量优化色彩的同时，转角立面
做了些细部刻画。旁边的弧形建筑为
当时刚新建的经开区管委会办公大楼。

下图为两栋主干道上的私房，改
造主要是对屋顶、开窗形式和阳台做
了些处理。

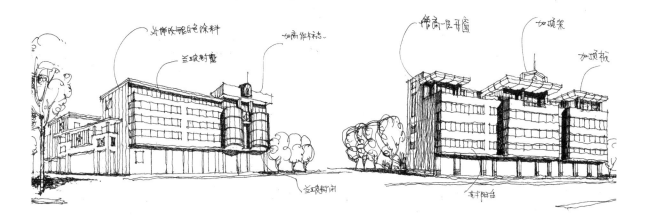

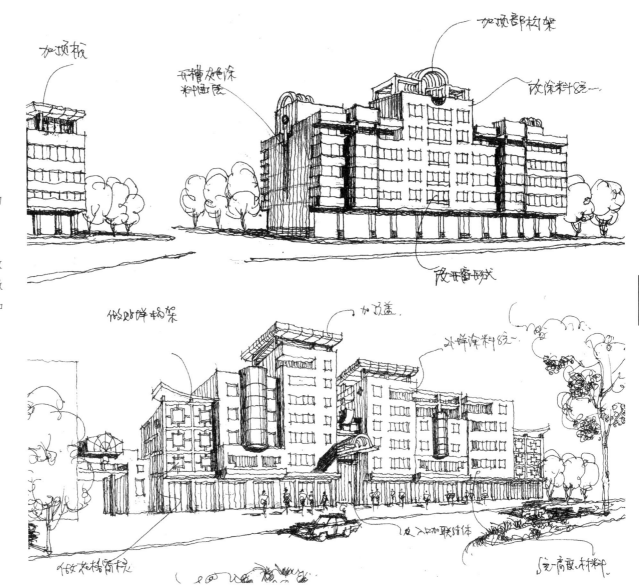

图 166- 经开区中心商务区建筑街景立面改造系列－9&10——2003

上图在原建筑体型基本不变的情况下只能在顶部加建几处构架，统一涂料色彩和开窗形式等。

下图为两栋建筑毗邻建设，改造设计主要是加建连接体，两边做贴墙构架，统一外墙涂料，局部加顶盖等。

175

图 167- 书街综合市场——2003

　　这是笔者调入市规划处任总规划师后，指导规划院建筑室做的一个菜市场建筑方案。市场体量较大，功能较为综合，建成后对书街一带商业环境，尤其是菜市环境的改善发挥了很大作用。效果图表现为钢笔加马克笔。

图 168- 吉安市水文站——2004

  水文站建筑体量比较小，但东临赣江，位置特殊。屋顶的波浪造型和入口上部的多层弧形装饰板，意在呼应水文检测建筑功能性质，具有一定的标志性。这与其北侧的天主教堂形成较强的对比反差效果。

图 169- 沿江路下人防入口暨观景平台（玉鹭台）——2005

　　该人防入口位于白鹭洲公园东侧沿江路堤下，白鹭洲大桥旁，与古青原台斜对。当时白鹭洲公园的开放式改造即将完成，筹集的款项尚有一些富余，项目部打算将公园旁边能改造的一并改造好。于是把当时简陋破旧的人防洞口做了如图的改造，顶部与沿江路人行道地面接平，形成一处突出的观景平台，凭栏俯瞰，正好观看白鹭洲头上的白鹭栖飞，如点点白玉般点缀在郁郁葱葱的绿树丛上，故名玉鹭台。

图170-吉安建设大厦构想
——2006

　　该方案创意为"春笋"。当时的城南新区刚刚启动建设，建设局为第一个迁建单位。方案寓意是新区建设将如"雨后春笋"般快速推进。那时正值笔者即将启程赴清华访学（"西部之光"人才培养计划）之际。未及深化就将草图交由市规划设计院参与招标。据说主要是由于造价方面的原因而没有中选。

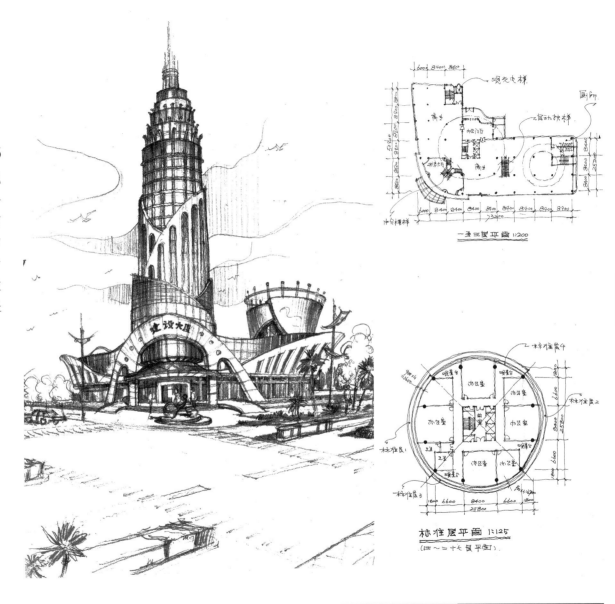

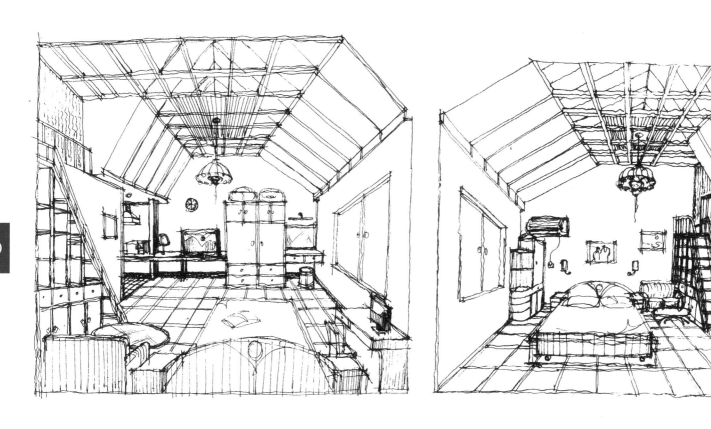

图 171- 小公寓室内设计——2008

　　小公寓位于建筑顶层，顶棚为斜坡屋顶。室内建筑层高较高，设计着重考虑顶棚吊顶和空间的有效利用，通过设置室内小爬梯上至卫生间顶部。增设一处儿童小卧室或贮藏空间。楼梯下部设置书架，以达到增加功能性和趣味性的效果。设计表现为钢笔手绘草图，从正反两个视角展示设计意图。

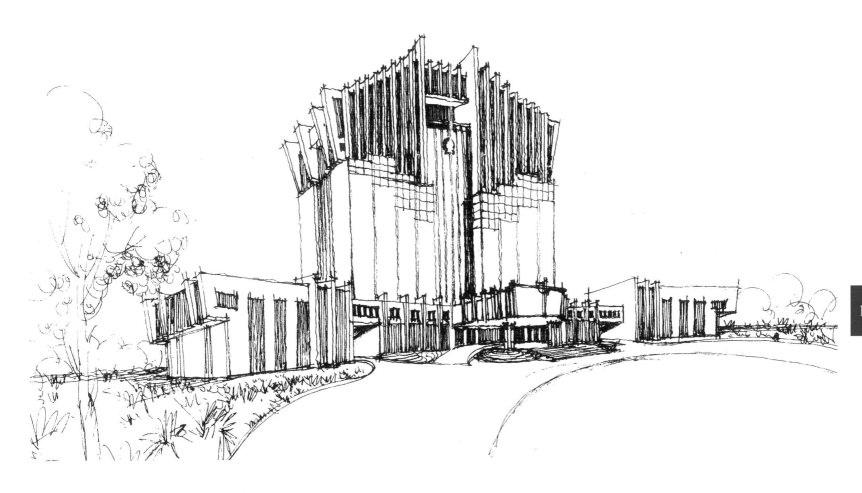

图 172- 某市行政中心大楼建筑方案草图——2009

　　此图情况与图 158 类似，也是自发的行动，既没有必要也没有时间深入完善，构思的来源为"红旗招展""汇聚合力"，整体上形成"升腾"之势。该方案停留在概念草案阶段。后来真正实施的行政中心项目由浙江一家设计单位中标，效果很好。

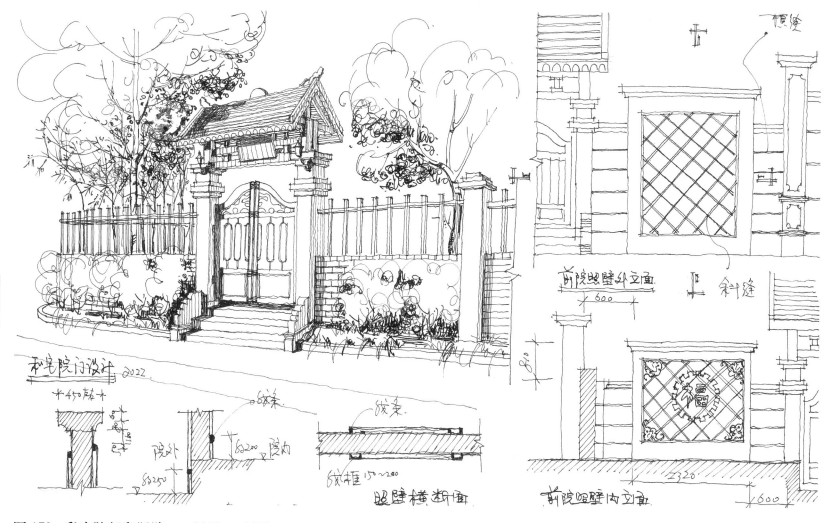

图 173- 私宅院门和照壁——2019～2022

这是私房院门和照壁的设计草图。虽不做设计工作这么多年了，但是喜欢动手画图的习惯还改不了，遇到什么院子改造、定制柜子之类的，总是自己量尺寸、画草图，然后交给装修公司和家具厂制作。多年来这类草图画了许多。

小　结

1.选入的草图均为方案成形后的手绘透视效果图，基本未将构思推演的过程稿辑入。由于大量的过程稿当时并未保留，如果刻意补充只能是徒增篇幅，毫无意义。再说徒手绘制的表现图相对于电脑绘制的效果图和动漫等表现形式也是过程稿，足以说明问题。当然，所谓草图也只是个相对概念，多年前徒手画的表现图就是方案设计成果图。从艺术性来看，许多美术功底深厚的建筑师精心绘制的手绘建筑表现图更有价值。

2.选入的项目实例大部分建成使用多年，除少数因特殊需要拆除外，也有些因外墙材质老旧做了翻新改造，其余仍在使用当中。20余年了，也许有些老旧过时。案例的选用旨在说明徒手草图在建筑设计创作、交流等过程中的重要作用。诚然，再娴熟的草图技能也要与创意水平相结合，前者是基础，后者更关键。而创意的高妙来源于创作者深厚的专业素养和大量的项目实践积累及总结反思。

3.关于草图的纸张笔墨选择。铅笔画便于修改，但时间长了就会模糊不清，而钢笔画保存几十年都没问题。硫酸纸和拷贝纸也有方便描绘的好处，但容易变形走样。从留存的角度来讲，最好还是用钢笔在绘图纸上画的钢笔画。但从当时的使用简便、快捷角度来讲，马克笔和铅笔更有优势。钢笔画清晰素雅，可以做到刻画入微，适合于方案终结阶段的效果表现；而马克笔和铅笔画粗犷写意，更适合于方案的初始创意阶段。总之各有千秋，具体运用取决于个人喜好和具体情况，也可以几种画法综合运用。

后 记

　　从萌生整理这些草图的想法，到完成这件事，历时已4个多月。今天，终于完成了图纸整理的大部分工作，顿感轻松愉快！总算达成了一桩心愿。之所以耗时较长，一是时隔20余年，有些草图纸张老化变色，折痕太深，破损严重，需要展平恢复后再扫描复印。二是毕竟是利用业余时间，将脑海中的片段式记忆重新连接，需要时间也需要心情。

　　初稿整体看下来仍觉还有许多欠缺。一是感觉东西不够完整，项目有些遗漏。二是觉得效果不够理想，表现方式也不够丰富。算了，就这样吧，本就不完美哪能没遗憾？正如"建筑本就是遗憾的艺术"，人生何尝不也是如此？回首一路走来的大半辈子，有的人和事很美好，值得永久记忆，也有的成了终生的遗憾。"有遗憾的人生才是真实的人生"，此话真实不虚。

　　回顾总结之前的经历有必要，但如何珍惜今后的时光，走好剩下的人生道路更重要。"但愿游走半生，归来仍是少年"，只要怀着不变的热情和真诚，认真对待生活中应该好好对待的人和事，哪怕有些遗憾，也是美好的人生，光明的人生。

　　十年的设计工作，个人体会，徒手草图的技巧作为建筑师的一项技能，如能熟练掌握运用，可以帮助自己快捷记录设计创作过程中的思维火花，梳理链接对建筑形体和空间的思考。可以说是建筑设计创作的一项很有用的基础性技能。但作为一名建筑师，还有建筑的功能布局、交通组织、空间组合、结构形式、材料材质、室内外环境，以及地域文化特色等太多需要用心研究的因素。"凿户牖以为室，当其无有室之用"。如何高效利用有限的建设资源构建出好的人居环境，创作出好的建筑形象，这才是建筑设计的意义所在。我所说的仅仅是关于建筑设计创作的一项基础性技能而已。一家之言，仅作参考。

　　书中草图大部分是我在吉安市建筑设计规划研究院工作期间做设计的方案草图，许多已经建成多年。虽然都算不上什么好作品，而且都是20多年前的设计。但无论好或差，姑且为后来者资作借鉴吧。感谢吉安市建筑设计规划研究院的大力支持。欧阳高明、贺清华等为搜集原稿提供了许多支持，刘洋、罗冲晖为扫描、排版、编辑等工作付出了辛苦劳动。还有许多人给予了帮助，一并致谢。

　　谨以此书献给一路走来给予我支持鼓励、认可关注，让我感念至深、无法忘怀的人！

2023 年 3 月 28 日

专家寄语

在手机上看了这部作品，很有感触。一是作者对作品的真，没有这种真，很难有执着与坚持。二是作者的写生反映了当时的情况，很多民居特别是南昌城区的巷道都消失了，今天从作者的钢笔画中找到了记忆。30 年时间，城乡面貌巨变，但是也失去了一些记忆，丢掉了一些乡愁，今后的人居环境建设如何在继承优秀传统建筑文化基础上创造无愧于时代的新建筑，仍是每个建筑学人面临的课题。三是作者的创作反映了那个年代中小城市的风格，回过头来看，正是改革开放初期，业界探索很多，与现在不同，照抄照搬不少，"两层皮"突出，缺少精简经济思想。总之，这本写生包括说明都让我感动，期待作者以后可以多写生吉安民居，为吉安历史文化建筑保护贡献力量。

南昌大学建筑学院教授　马志武

2023 年 3 月 24 日

它不应该是一本画册，而应该是一本作品集，包括设计和绘画以及思考，应该有更多的文字，特别是对设计的解析、评论和反思。

我个人认为这些设计可能比绘画更有历史价值，它反映了在一个剧烈变化的时代，一个年轻建筑师的成长历程，是这个时代的一个缩影，所以说有历史价值。这些设计、绘画，包括郁闷和痛苦，其实都具有时代的典型性。

此外，所有作品都应该标注年代，年代不需要太确切，差不多就行。我是做建筑史的，喜欢从历史角度看事情。个人意见仅供参考。

南昌大学建筑学院教授　姚唐

2023 年 3 月 26 日

初识贺志海同志是 2006 年，当时他作为江西省选派的"西部之光"访问学者来我院研修。当时来我院研修的江西同志有四位，其中有两位在我名下。由于我是江西人，因此我的工作室便自然而然地成了大家共同的基地。每次我从国外回来及工作室内部交流，我都请他们参加，一方面让他们了解清华教师工作室的日常运行状况，另一方面也想让学生听听这些一线专家领导的高见。

由于这种交流方式，他们的专业水平、表达能力很容易被人发现，但绘画等手头功夫却难有机会展现。因此，当我拿到本书初稿时，大吃一惊，没想到一位行政领导的钢笔画竟有如此之好！

贺志海同志比我年轻三岁，我们同属一代人。受以彭一刚先生为代表的天津大学师生的影响，20 世纪 80 年代全国建筑院系形成了用钢笔画建筑表现图的高潮，几乎达到了一种登峰造极的程度。钢笔速写更是持久普遍的时尚，我院老一辈教师如单德启、高冀生等都是这方面的高手。但钢笔画真要画好并不容易，尤其贺志海同志来自农村，幼时几乎没有美术基础，仅仅靠大学两年就达到如此高度，实属不易。这说明他有很好的美术天赋，另一方

面也展现了我们家乡江西工业大学的教学水平之高。

俗话讲："好记性不如烂笔头"。现在有了相机和手机，工作、生活节奏又越来越快，但相机永远无法取代画笔。与拍照相比，画画的最大好处是能增强记忆、抓住细节。到国外考察，把一个房子从头画到脚，这个建筑也就记得八九不离十了，而拍照绝对没有这个效果。

现在 Sketchup 等建模工具很方便，同学们都很喜欢使用，但老师们改图总感觉手画来得更迅速、更简单。也许这是一个习惯问题，但 Sketchup 绝对没有手绘草图的灵动和美感，因为草图本身就是一幅有构图、有取舍、有深浅、有主次的画！

能画一手好画是一件很荣耀、也很快乐的事。也许钢笔画在建筑表现图的市场会越来越小，但其收集资料、展现美好、修身养性的作用会越来越大。希望贺志海同志能长期保持这个长处，也期待他有更多佳作问世！

清华大学建筑学院城市规划系教授　张敏

2023 年 4 月 12 日